U0134377

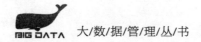

大/数/据/管/理/丛/书

Big Data Integration

大数据集成

[美] 　董　欣（Xin Luna Dong）
戴夫士·斯里瓦斯塔瓦（Divesh Srivastava）　著
王秋月　杜治娟　王硕　译

机械工业出版社
China Machine Press

图书在版编目（CIP）数据

大数据集成/（美）董欣（Xin Luna Dong），（美）戴夫士·斯里瓦斯塔瓦（Divesh Srivastava）著；王秋月，杜治娟，王硕译. —北京：机械工业出版社，2017.3（2017.11重印）

（大数据管理丛书）

书名原文：Big Data Integration

ISBN 978-7-111-55986-3

I. 大… II. ① 董… ② 戴… ③ 王… ④ 杜… ⑤ 王… III. 数据处理 IV. TP274

中国版本图书馆 CIP 数据核字（2017）第 029113 号

本书版权登记号：图字：01-2016-5929

Authorized translation from the English language edition, entitled Big Data Integration, 9781627052238 by Xin Luna Dong and Divesh Srivastava, published by Morgan & Claypool Publishers, Inc., Copyright © 2015 by Morgan & Claypool Publishers.

Chinese language edition published by China Machine Press, Copyright © 2017.

All rights reserved. No part of this book may be reproduced or transmitted in any form or by any means, electronic or mechanical, including photocopying, recording or by any information storage retrieval system, without permission from Morgan & Claypool Publishers, Inc. and China Machine Press.

本书中文简体字版由美国摩根 & 克莱普尔出版公司授权机械工业出版社独家出版。未经出版者预先书面许可，不得以任何方式复制或抄袭本书的任何部分。

本书作者在多年研究传统数据集成的基础上，着重分析了大数据背景下的大数据集成。和传统的数据集成相比，大数据集成具有一些新的挑战，例如数据和数据源的海量性、数据的多样性和数据的动态性等。本书共分 6 章，包括大数据集成的挑战和机遇、模式对齐、记录链接、数据融合、出现的新问题和结论，系统地讨论了解决大数据集成中关键问题的一些重要研究成果和方法，对大数据集成的研究者和实践者都很有帮助。另外本书也可以作为学生学习该领域的入门读物。

出版发行：机械工业出版社（北京市西城区百万庄大街 22 号　邮政编码：100037）

责任编辑：朱秀英　　　　　　　　　　　　　责任校对：李秋荣

印　　刷：北京诚信伟业印刷有限公司　　　版　　次：2017 年 11 月第 1 版第 2 次印刷

开　　本：170mm×242mm　1/16　　　　　印　　张：12.75

书　　号：ISBN 978-7-111-55986-3　　　　定　　价：79.00 元

凡购本书，如有缺页、倒页、脱页，由本社发行部调换

客服热线：(010) 88378991　88361066　　　　投稿热线：(010) 88379604

购书热线：(010) 68326294　88379649　68995259　　读者信箱：hzjsj@hzbook.com

版权所有·侵权必究

封底无防伪标均为盗版

本书法律顾问：北京大成律师事务所　韩光/邹晓东

当下大数据技术发展变化日新月异，大数据应用已经遍及工业和社会生活的方方面面，原有的数据管理理论体系与大数据产业应用之间的差距日益加大，而工业界对于大数据人才的需求却急剧增加。大数据专业人才的培养是新一轮科技较量的基础，高等院校承担着大数据人才培养的重任。因此大数据相关课程将逐渐成为国内高校计算机相关专业的重要课程。但纵观大数据人才培养课程体系尚不尽如人意，多是已有课程的"冷拼盘"，顶多是加点"调料"，原材料没有新鲜感。现阶段无论多么新多么好的人才培养计划，都只能在20世纪六七十年代编写的计算机知识体系上施教，无法把当下大数据带给我们的新思维、新知识传导给学生。

为此我们意识到，缺少基础性工作和原始积累，就难以培养符合工业界需要的大数据复合型和交叉型人才。因此急需在思维和理念方面进行转变，为现有的课程和知识体系按大数据应用需求进行延展和补充，加入新的可以因材施教的知识模块。我们肩负着大数据时代知识更新的使命，每一位学者都有责任和义务去为此"增砖添瓦"。

在此背景下，我们策划和组织了这套大数据管理丛书，希望能够培养数据思维的理念，对原有数据管理知识体系进行完善和补充，面向新的技术热点，提出新的知识体系/知识点，拉近教材体系与大数据应用的距离，为受教者应对现代技术带来的大数据领域的新问题和挑战，扫除障碍。我们相信，假以时日，这些著作汇溪成河，必将对未来大数据人才培养起到"基石"的作用。

丛书定位：面向新形势下的大数据技术发展对人才培养提出的挑战，旨在为学术研究和人才培养提供可供参考的"基石"。虽然是一些不起眼的"砖头瓦块"，但可以为大数据人才培养积累可用的新模块（新素材），弥补原有知识体系与应用问题之前的鸿沟，力图为现有的数据管理知识查漏补缺，聚少成多，最终形成适应大数据技术发展和人才培养的知识体系和教材基础。

丛书特点：丛书借鉴 Morgan & Claypool Publishers 出版的 Synthesis Lectures on Data Management，特色在于选题新颖，短小精湛。选题新颖即面向技术热点，弥补现有知识体系的漏洞和不足（或延伸或补充），内容涵盖大数据管理的理论、方法、技术等诸多方面。短小精湛则不求系统性和完备性，但每本书要自成知识体系，重在阐述基本问题和方法，并辅以例题说明，便于施教。

丛书组织：丛书采用国际学术出版通行的主编负责制，为此特邀中国人民大学孟小峰教授（email：xfmeng@ruc.edu.cn）担任丛书主编，负责丛书的整体规划和选题。责任编辑为机械工业出版社华章分社姚蕾编辑（email：yaolei@hzbook.com）。

当今数据洪流席卷全球，而中国正在努力从数据大国走向数据强国，大数据时代的知识更新和人才培养刻不容缓，虽然我们的力量有限，但聚少成多，积小致巨。因此，我们在设计本套丛书封面的时候，特意选择了清代苏州籍宫廷画家徐扬描绘苏州风物的巨幅长卷画作《姑苏繁华图》（原名《盛世滋生图》）作为底图以表达我们的美好愿景，每本书选取这幅巨卷的一部分，一步步见证和记录数据管理领域的学者在学术研究和工程应用中的探索和实践，最终形成适应大数据技术发展和人才培养的知识图谱，共同谱写出我们这个大数据时代的盛世华章。

在此期望有志于大数据人才培养并具有丰富理论和实践经验的学者和专业人员能够加入到这套书的编写工作中来，共同为中国大数据研究和人才培养贡献自己的智慧和力量，共筑属于我们自己的"时代记忆"。欢迎读者对我们的出版工作提出宝贵意见和建议。

大数据管理丛书

主编：孟小峰

大数据管理概论

孟小峰　编著

2017 年 5 月

异构信息网络挖掘：原理和方法

［美］孙艺洲（Yizhou Sun）　韩家炜（Jiawei Han）　著

段磊　朱敏　唐常杰　译

2017 年 5 月

大规模元搜索引擎技术

［美］孟卫一（Weiyi Meng）　於德（Clement T. Yu）　著

朱亮　译

2017 年 5 月

大数据集成

［美］董欣（Xin Luna Dong）　戴夫士·斯里瓦斯塔瓦（Divesh Sriva-tava）　著

王秋月　杜治娟　王硕　译

2017 年 5 月

短文本数据理解

王仲远　编著

2017 年 5 月

个人数据管理

李玉坤　孟小峰　编著

2017 年 5 月

位置大数据隐私管理

潘晓　霍峥　孟小峰　编著

2017 年 5 月

移动数据挖掘

连德富　张富峥　王英子　袁晶　谢幸　编著

2017 年 5 月

云数据管理：挑战与机遇

［美］迪卫艾肯特·阿格拉沃尔（Divyakant Agrawal）　苏迪皮托·达斯
（Sudipto Das）　阿姆鲁·埃尔·阿巴迪（Amr El Abbadi）　著

马友忠　孟小峰　译

2017 年 5 月

近年来，随着信息技术的迅猛发展，各行各业产生和积累的数据量急剧增大。在生产和日常生活过程中，人们不仅需要管理和操作大量的数据，更重要的是，将这些跨领域的大量异构数据进行关联和融合之后，进行相应的分析能产生巨大的价值，如科学发现、商业决策、政府管理、精准医疗等。大数据+深度学习催生了智能革命，正在改变着各行各业，并影响着社会的方方面面。

大数据的关联分析离不开大数据集成，即将多个数据源的数据链接融合在一起。数据集成技术在传统数据库界已经被研究多年，主要针对结构化的关系数据，在模式对齐、记录链接和数据融合等方面取得了许多进展。大数据集成是在大数据背景下的数据集成，具有一些新的挑战，例如数据和数据源的海量性、数据的多样性（即不单单是结构化数据，同时还有许多非结构化和半结构化数据）、数据的动态性等。

本书的作者 Xin Luna Dong 和 Divesh Srivastava 在传统数据集成和大数据集成领域有多年的研究经验，在书中系统地梳理和讨论了该领域中关键问题的一些重要研究成果和方法，对大数据集成的研究者和实践者都很有帮助，另外本书也可以作为学生学习该领域的入门读物。

本书第 1、2 章由王秋月翻译；第 3 章由杜治娟翻译；第 4～6 章由王硕翻译。最后由王秋月统稿并校订一些关键译法。

由于译者水平有限，书中难免有不当之处，敬请各位读者批评指正。

王秋月

2016 年 9 月

大数据集成是两大重要工作的结合：一个是相对较老的"数据集成"工作；另一个是相对较新的"大数据"工作。

只要存在人们要将多个数据集链接并融合起来以提升它们价值的情况，数据集成就必不可少。早在计算机科学家开始研究这一领域之前，统计学家们就已经取得了许多进展，因为他们迫切需要关联和分析随时间不断积累的普查数据集。数据集成具有很大的挑战性是由多种原因造成的，不仅仅因为我们表示现实世界中实体的方式多种多样。为了有效地应对这些挑战，在过去几十年里，数据集成研究者们已经在一些基础问题（如模式对齐、记录链接和数据融合），尤其是结构化数据的研究上，取得了巨大进步。

近年来，我们在将现实世界中的每个事件和交互都捕获成数字化数据方面的能力增长十分显著。伴随着这种能力的增长，我们渴望从这些数据中分析和抽取出价值，从而迎来了大数据时代。在大数据时代，数据的数量和异构性以及数据源的数目，都极大地增长了，而且许多数据源是非常动态的并且质量千差万别。不同数据进行链接和融合会使数据的价值爆炸性地增大，因而大数据要能使我们做出改变社会各方面的有价值的、数据驱动的决策，数据集成是关键。

大数据上的数据集成称为大数据集成。本书探讨数据集成研究界在应对大数据集成带来的新的挑战方面已经取得的进展。它的目的是可以作为研究者、从业者和学生想要了解更多关于大数据集成的一个起点。我们试图覆盖该领域内各种各样的研究问题和工作，但显然要全面覆盖这样一个动态发展的领域是不可能的。我们希望本书的读者能对这个重要领域有所贡献，帮助发展大数据的美好愿景。

致谢

本书在成书过程中得到了许多人的帮助。衷心感谢 Tamer Özsu 邀请我们写这本书，感谢 Diane Cerra 管理整个出版过程，并感谢 Paul Anagnostopoulos 制作本书。没有他们温和的提醒、定期的推动和提示编辑，本书的完成将花费长得多的时间。

本书的大部分内容从我们在以下学校开的讲习班和会议上做的大会报告演化而来，这些会议和学校包括：ICDE 2013、VLDB 2013、COMAD 2013、苏黎世大学、ADC 2014 和 BDA 2014 的博士学校。感谢许多同行在报告进行中或之后所给的建设性的反馈。

我们也想感谢许多合作者，他们多年来影响了我们对该研究领域的思考和理解。

最后，感谢我们的家人，他们持续的鼓励和爱的支持使所有的付出更加值得。

Xin Luna Dong 和 Divesh Srivastava

2014 年 12 月

董欣（Xin Luna Dong） 公司高级科学研究员。加入谷歌公司之前，曾在 AT&T 公司研究实验室工作。她拥有美国华盛顿大学博士学位、北京大学硕士学位和南开大学学士学位。研究兴趣主要包括数据库、信息检索和机器学习，特别是在数据集成、数据清洗、知识库和个人信息管理等方面有浓厚的兴趣。已在数据集成方面的顶级会议和期刊上发表 50 多篇论文，并获得 2005 年 SIGMOD 的最佳展示奖（前三名之一）。曾担任 2015 年 WAIM 会议的联合主席，以及 2015 年 SIGMOD 会议、2013 年 ICDE 会议和 2011 年 CIKM 会议的区域主席。

戴夫士·斯里瓦斯塔瓦（Divesh Srivastava）AT&T 公司研究实验室的数据库研究负责人，ACM Fellow，VLDB 基金理事会委员，VLDB 基金会论文集（PVLDB）执行主编，《ACM Transactions on Database Systems》副主编。他拥有威斯康辛大学麦迪逊分校博士学位和印度理工学院孟买分校学士学

位。研究兴趣和发表的著作涵盖了数据管理的各个主题。已在顶级会议和期刊上发表 250 多篇论文。曾担任多个国际会议的主席或联合主席，包括 2015 年 ICDE 会议和 2007 年 VLDB 会议等。

第 1 章

大数据集成的挑战和机遇

　　大数据时代是数据化的必然结果：我们能将世界中的每个事件和交互都转化成数字数据，同时期望从这些数据中分析和抽取出价值。大数据带来许多愿景，使我们能做出由数据驱动的有价值的决策，并以此来改变社会的方方面面。

　　当前各种各样的领域都在产生和使用着大数据，包括数据驱动的科学、电信、社交媒体、大型电子商务、病历和电子健康（e-health）等等。由于不同数据进行链接和融合会使数据的价值爆炸性地增大，因而**大数据集成**（Big Data Integration, BDI）问题是在各领域内实现大数据美好愿景的关键。

　　例如，最近有很多工作通过挖掘万维网抽取出实体、关系以及本体等，以构建通用知识库，如 Freebase [Bollacker et al. 2008]、Google 知识图谱 [Dong et al. 2014a]、ProBase [Wu et al. 2012]和 Yago [Weikum and Theobald 2010]等。这些工作均显示，使用集成的大数据可以改善 Web 搜

索和 Web 规模的数据分析。

　　另一个重要的例子是，近年来产生了大量有地理参照的数据，如有地理标记的 Web 对象（如照片、视频、推文）、在线登记（如 Foursquare）、WiFi 日志、车辆的 GPS 轨迹（如出租车）以及路边传感器网络等。这些集成的大数据为刻画大规模人类移动提供了契机[Becker et al. 2013]，并对公共卫生、交通工程和城市规划等领域产生了影响。

　　本章中，1.1 节描述大数据集成的问题和传统数据集成的要素。1.2 节讨论 BDI 带来的特定挑战。我们首先确定 BDI 不同于传统数据集成的方面，然后给出几个研究 BDI 中数据源特性的最新研究案例。BDI 还提供了传统数据集成不能提供的机会，1.3 节重点介绍其中的一些机会。最后，1.4 节给出本书其余部分的章节安排。

1.1　传统数据集成

　　数据集成的目标是为多个自治数据源中的数据提供统一的存取。这一目标说起来容易，但实现起来已被证明异常困难，即使是针对少量几个结构化数据源，即传统的数据集成[Doan et al. 2012]。

　　为了理解数据集成中一些挑战性的问题，这里用一个航空领域的例子来说明。该领域的常见任务是跟踪航班的起飞和降落，检查航班时刻表以及预定航班等。

1.1.1　航班示例：数据源

　　我们有一些不同类型的数据源，包括：两个航空公司数据源 Airline1 和 Airline2（如美国联合航空公司、美国航空公司、达美等），分别提供自家航空公司航班的信息；一个机场数据源 Airport3，提供在某机场（如 EWR、SFO）出发和到达航班的信息；以及一个旅行数据源 Airfare4（如

Kayak、Orbitz 等），提供不同航班不同价位的票价信息；还有一个信息类数据源 Airinfo5（如 Wikipedia table），提供有关机场和航空公司的数据。

各数据源的样例数据如表 1-1~表 1-8 所示。为简便起见，表中使用缩写的属性名，属性名的缩写和全称的对应关系见表 1-9。下面解释各表的具体内容。

1. 数据源 Airline1

数据源 Airline1 提供两张关系表 Airline1.Schedule（<u>Flight Id</u>, Flight Number, Start Date, End Date, Departure Time, Departure Airport, Arrival Time, Arrival Airport ）和 Airline1.Flight（<u>Flight Id</u>, <u>Departure Date</u>, Departure Time, Departure Gate, Arrival Date, Arrival Time, Arrival Gate, Plane Id）。加下划线的属性构成相应表的主键。Flight Id 被用作两张表的连接键。

关系表 Airline1.Schedule 如表 1-1 所示，显示了航班的时间计划表。例如，Airline1.Schedule 中的记录 r_{11} 说明 Airline1 航空公司的 49 号航班在 2013-10-01 到 2014-03-31 期间，固定从 EWR 飞往 SFO，起飞时间 18:05，到达时间 21:10。记录 r_{12} 显示同一航班在 2014-04-01 到 2014-09-30 期间安排了另外的起飞降落时间。记录 r_{13} 和 r_{14} 分别显示了 55 号航班在 2013-10-01 到 2014-09-30 期间两个飞行段的安排，第一段从 ORD 飞到 BOS，第二段从 BOS 飞到 EWR。

关系表 Airline1.Flight 如表 1-2 所示，显示了 Airline1.Schedule 中航班的实际起飞和到达信息。例如，Airline1.Flight 中的 r_{21} 记录了对应于 r_{11}（FI 等于 123，为两者的连接键）的航班的一次具体的飞行，即 PI（飞机号）为 4013 的飞机，实际于 2013-12-21 的 18:45（比计划的时间 18:05 晚 40 分钟）从 C98 登机口起飞，并于 2013-12-21 的 21:30（比计划的时间 21：10 晚 20 分钟）降落在 81 号登机口。记录 r_{11} 和 r_{21} 都用浅灰高亮显示以表示它们的关系。同一张表中的记录 r_{22} 记录了航班 r_{11} 的另外一次实际飞行，比计划的起飞降落时间有更大的延迟。记录 r_{23} 和 r_{24} 记录的是 2013-12-29 航班 r_{13} 和 r_{14} 的飞行信息。

表1-1　Airline1.Schedule的样例数据

	FI	FN	SD	ED	DT	DA	AT	AA
r_{11}	123	49	2013-10-01	2014-03-31	18:05	EWR	21:10	SFO
r_{12}	234	49	2014-04-01	2014-09-30	18:20	EWR	21:25	SFO
r_{13}	345	55	2013-10-01	2014-09-30	18:30	ORD	21:30	BOS
r_{14}	346	55	2013-10-01	2014-09-30	22:30	BOS	23:30	EWR

表1-2　Airline1.Flight的样例数据

	FI	DD	DT	DG	AD	AT	AG	PI
r_{21}	123	2013-12-21	18:45	C98	2013-12-21	21:30	81	4013
r_{22}	123	2013-12-28	21:30	C101	2013-12-29	00:30	81	3008
r_{23}	345	2013-12-29	18:30	B6	2013-12-29	21:45	C18	4013
r_{24}	346	2013-12-29	22:35	C18	2013-12-29	23:35	C101	4013

2. 数据源 Airline2

数据源 Airline2 提供的信息类似于数据源 Airline1，但是使用的是关系表 Airline2.Flight（<u>Flight Number</u>, <u>Departure Airport</u>, <u>Scheduled Departure Date</u>, Scheduled Departure Time, Actual Departure Time, Arrival Airport, Scheduled Arrival Date, Scheduled Arrival Time, Actual Arrival Time）。

关系表 Airline2.Flight 如表 1-3 所示，包含计划的和实际的航班信息。例如，记录 r_{31} 记录了 Airline2 航空公司的 53 号航班计划 2013-12-21 的 15:30 从 SFO 起飞，但实际延迟 30 分钟，计划 2013-12-21 的 23:35 抵达 EWR，但实际晚点了 40 分钟，第二天（表中显示+1d）即 2013-12-22 到达。注意表中有一条关于 Airline2 航空公司 49 号航班的记录 r_{35}，它不同于 Ailine1 航空公司的 49 号航班。这表明不同航空公司可以使用相同的航班号。

不同于数据源 Airline1，数据源 Airline2 没有发布出发登机口和到达登机口以及飞机号。这表明这些数据源的模式之间是有差异的。

表1-3　Airline2.Flight的样例数据

	FN	DA	SDD	SDT	ADT	AA	SAD	SAT	AAT
r_{31}	53	SFO	2013-12-21	15:30	16:00	EWR	2013-12-21	23:35	00:15 (+1d)
r_{32}	53	SFO	2013-12-22	15:30	16:15	EWR	2013-12-22	23:35	00:30
r_{33}	53	SFO	2014-06-28	16:00	16:05	EWR	2014-06-29	00:05	23:57 (-1d)
r_{34}	53	SFO	2014-07-06	16:00	16:00	EWR	2014-07-07	00:05	00:09
r_{35}	49	SFO	2013-12-21	12:00	12:35	EWR	2013-12-21	20:05	20:45
r_{36}	77	LAX	2013-12-22	09:15	09:15	SFO	2013-12-22	11:00	10:59

3. 数据源 Airport3

数据源 Airport3 提供两张关系表 Airport3.Departures（Air Line, Flight Number, Scheduled, Actual, Gate Time, Takeoff Time, Terminal, Gate, Runway）和 Airport3.Arrivals（Air Line, Flight Number, Scheduled, Actual, Gate Time, Landing Time, Terminal, Gate, Runway）。

关系表 Airport3.Departures 如表 1-4 所示，仅发布了从 EWR 机场起飞的航班。例如，表中的记录 r_{41} 记录了 Airline1 航空公司的 49 号航班，计划在 2013-12-21 的 18:45 从航站楼 C 的 98 号登机口出发，18:53 从跑道 2 起飞。表中没有该航班的到达机场、到达日期和时间的信息。注意 r_{41} 对应于记录 r_{11} 和 r_{21}，同样用浅灰高亮显示。

表1-4　Airport3.Departures的样例数据

	AL	FN	S	A	GT	TT	T	G	R
r_{41}	A1	49	2013-12-21	2013-12-21	18:45	18:53	C	98	2
r_{42}	A1	49	2013-12-28	2013-12-28	21:29	21:38	C	101	2

关系表 Airport3.Arrivals 如表 1-5 所示，仅发布了到达 EWR 机场的航班。例如，表中的记录 r_{51} 记录了 Airline2 航空公司的 53 号航班，计划 2013-12-21 到达，实际 2013-12-22 到达，于 00:15 在跑道 2 降落，00:21 抵达航站楼 B 的 53 号登机口。表中没有该航班的出发机场、出发日期和时间。注意 r_{51} 对应于记录 r_{31}。

表1-5　Airport3.Arrivals的样例数据

	AL	FN	S	A	GT	LT	T	G	R
r_{51}	A2	53	2013-12-21	2013-12-22	00:21	00:15	B	53	2
r_{52}	A2	53	2013-12-22	2013-12-23	00:40	00:30	B	53	2
r_{53}	A1	55	2013-12-29	2013-12-29	23:35	23:31	C	101	1
r_{54}	A2	49	2013-12-21	2013-12-21	20:50	20:45	B	55	2

不同于数据源 Airline1 和 Airline2，数据源 Airport3 区分开航班离开/到达登机口的时间和在机场跑道上起飞/降落的时间。

4. 数据源 Airfare4

旅行数据源 Airfare4 发布对不同航空公司售票信息的比较，包括航班的时间计划 Airfare4.Flight（<u>Flight Id</u>, Flight Number, Departure Airport, Departure Date, Departure Time, Arrival Airport, Arrival Time）以及机票价格 Airfare4.Fares（<u>Flight Id</u>, <u>Fare Class</u>, Fare）。Flight Id 被用作两表的连接键。

例如，如表 1-6 所示，Airfare4.Flight 中的记录 r_{61} 显示 Airline1 航空公司的航班 A1-49 计划于 2013-12-21 的 18:05 从 Newark Liberty 机场出发，并于当天的 21:10 抵达 San Franciso 机场。注意 r_{61} 对应于记录 r_{11}、r_{21} 和 r_{41}。

关系表 Airfare4.Fares 中的记录如表 1-7 所示，给出了该航班的各类票价。例如，记录 r_{71} 显示该航班的 A 类票价是 \$5799.00；FI456 是连接键。

表1-6　Airfare4.Flight的样例数据

	FI	FN	DA	DD	DT	AA	AT
r_{61}	456	A1-49	Newark Liberty	2013-12-21	18:05	San Francisco	21:10
r_{62}	457	A1-49	Newark Liberty	2014-04-05	18:05	San Francisco	21:10
r_{63}	458	A1-49	Newark Liberty	2014-04-12	18:05	San Francisco	21:10
r_{64}	460	A2-53	San Francisco	2013-12-22	15:30	Newark Liberty	23:35
r_{65}	461	A2-53	San Francisco	2014-06-28	15:30	Newark Liberty	23:35
r_{66}	462	A2-53	San Francisco	2014-07-06	16:00	Newark Liberty	00:05 (+1d)

表1-7　Airfare4.Fares的样例数据

	FI	FC	F
r_{71}	456	A	\$5799.00
r_{72}	456	K	\$999.00
r_{73}	456	Y	\$599.00

5. 数据源 Airinfo5

数据源 Airinfo5 发布的是关于机场和航空公司的信息，即关系表 Airinfo5.AirportCodes（<u>Airport Code</u>, Airport Name）和 Airinfo5.AirlineCodes（<u>Air Line Code</u>, Air Line Name）。

例如，如表 1-8 所示，Airinfo5.AirportCodes 中的记录 r_{81} 显示代号为

EWR 的机场是美国新泽西州的 Newark Liberty 机场。类似地，Airinfo5.AirlineCodes 的记录 r_{91} 显示代号为 A1 的航空公司是 Airline1 航空公司。

表1-8　Airinfo5.AirportCodes和Airinfo5.AirlineCodes的样例数据

	Airinfo5.AirportCodes			Airinfo5.AirlineCodes	
	AC	AN		ALC	ALN
r_{81}	EWR	Newark Liberty, NJ, US	r_{91}	A1	Airline1
r_{82}	SFO	San Francisco, CA, US	r_{92}	A2	Airline2

表1-9　缩写的属性名称

缩写	全称	缩写	全称
A	Actual	AA	Arrival Airport
AAT	Actual Arrival Time	AC	Airport Code
AD	Arrival Date	ADT	Actual Departure Time
AG	Arrival Gate	AL	Air Line
ALC	Air Line Code	ALN	Air Line Name
AN	Airport Name	AT	Arrival Time
DA	Departure Airport	DD	Departure Date
DG	Departure Gate	DT	Departure Time
ED	End Date	F	Fare
FC	Fare Class	FI	Flight Id
FN	Flight Number	G	Gate
GT	Gate Time	LT	Landing Time
PI	Plane Id	R	Runway
S	Scheduled	SAD	Scheduled Arrival Date
SAT	Scheduled Arrival Time	SD	Start Date
SDD	Scheduled Departure Date	SDT	Scheduled Departure Time
T	Terminal	TT	Takeoff Time

1.1.2　航班示例：数据集成

虽然 5 个数据源单独都是有用的，但当它们被集成在一起时，这些数据的价值将被大大提升。

1. 集成数据源

首先，每个航空公司数据源（如 Airline1、Airline2）都从与机场数据源 Airport3 的链接中获益，因为机场数据源提供了航班实际出发和到达的详细信息，如登机时间、起飞降落的时间和使用的跑道；这些可以帮助航空公司更好地分析航班延误的原因。其次，机场数据源 Airport3 也可以从与航空公司数据源（如 Airline1、Airline2）的链接中获益，因为航空公司数据源提供了关于航班时刻表和整体飞行计划的详细信息（尤其是对那些多段飞行的航班，如 Airline1 的 55 号航班）；这些可以帮助机场更好地理解航班的飞行模式。第三，旅行数据源 Airfare4 可以通过链接航空公司数据源和机场数据源提供一些附加信息，例如历史上准点起飞/到达的统计数据等；而这些信息对预定航班的用户可能非常有用。这种关联使得信息源 Airinfo5 非常关键。这一点我们在后面会看到。最后，将所有这些不同数据源集成起来也会使用户获益，因为他们不需要分别去访问多个数据源才能获得自己想要的信息。

例如，查询"计算出上个月每个航班的计划和实际出发时间之间的平均延迟，以及实际登机和起飞时间之间的平均延迟"可以在集成起来的数据库上作答，却无法用任一单个的数据源回答。

然而，集成多个自治的数据源非常困难，经常需要大量人工的努力去理解每个数据源的数据语义以解决歧义性问题。让我们再一次看一下航班的示例。

2. 语义歧义性

为了正确对齐各种数据源表，我们需要理解：i) 同一概念信息在不同数据源中的表示可能非常不同；ii) 不同概念信息在不同数据源中的表示可能很相似。

例如，数据源 Airline1 在表 Airline1.Schedule 中给出在一定日期范围内（由 Start Date 和 End Date 所指定）的航班时刻表，使用属性 Departure Time 和 Arrival Time 记录时间信息。然而，数据源 Airline2 在表 Airline2.Flight 中一起给出了航班时刻表和实际航班的飞行信息，每次不同的飞行用不同的记录描述，并且使用不同的属性名称，Scheduled Departure Date，Scheduled Departure Time，Scheduled Arrival Date，

Scheduled Arrival Time。

又如，数据源 Airport3 既记录了航班的实际登机口出发/到达时间（表 Airport3.Departures 和表 Airport3.Arrivals 中的 Gate Time），也记录了实际起飞/降落时间（表 Airport3.Departures 中的 Takeoff Time 和表 Airport3.Arrivals 中的 Landing Time）。而 Airline1 和 Airline2 数据源只记录其中一种时间，具体地，仔细检查数据就会发现，数据源 Airline1 记录的是登机口出发/到达时间（表 Airline1.Schedule 和 Airline1.Flight 中的 Departure Time 和 Arrival Time），而 Airline2 记录的是起飞/降落时间（表 Airline2.Flight 中的 Scheduled Departure Time，Actual Departure Time，Scheduled Arrival Time，Actual Arrival Time）。

不同的概念信息表示得很相似，如属性 Departure Date 在数据源 Airline1 中表示实际出发日期（在表 Airline1.Flight 中），但是在数据源 Airfare4 中表示计划的出发日期（在表 Airfare4.Flight 中）。

3. 实例表示歧义性

要将来自多个数据源的同一个数据实例关联在一起，我们需要意识到由于数据源的自治性，这些数据实例具有不同的表示形式。

例如，航班号在数据源 Airline1 和 Airline2 中被表示为数字（例如，r_{11} 中的 49，r_{31} 中的 53），在数据源 Airfare4 中被表示为数字和字母的组合（如，r_{61} 中的 A1-49）。类似地，出发和到达机场在数据源 Airline1 和 Airline2 中被表示为三字母的编码（如 EWR、SFO、LAX），但在 Airfare4.Flight 表中被表示为一个描述性的字符串（如 Newark Liberty，San Francisco）。由于航班是由属性组合（Airline, Flight Number, Departure Airport, Departure Date）所唯一标识的，如果没有另外一张表（例如表 1-8 中的 Airinfo5.AirlineCodes 和 Airinfo5.AirportCodes 表）将航空公司编码和机场编码分别和它们描述性的名字对应起来的话，表 Airline4.Flight 中的数据将无法和 Airline1、Airline2 和 Airline3 中的相应数据关联起来。即使有这样的对应表，我们仍然需要使用近似字符串匹配的技术 [Hadjieleftheriou and Srivastava 2011] 将 Airfare4.Flight 中的 Newark

Liberty 匹配到 Airinfo5.AirportCodes 表中的 Newark Liberty, NJ, US。

4. 数据不一致性

为了融合来自不同数据源的数据，我们需要解决实例级的歧义性和数据源之间的不一致性。

例如，Airline2.Flight 中的 r_{32} 和 Airport3.Arrivals 中的 r_{52} 存在着不一致（两者被高亮显示为蓝色以表明它们指的是同一航班）。r_{32} 表示 Airline2 航空公司的 53 号航班的原定到达日期和实际到达时间分别是 2013-12-22 和 00:30，即实际到达日期和原定到达日期是同一天（不同于 r_{31}，其实际到达时间包含了（+1d），表明实际到达日期比原定到达日期晚一天）。然而，r_{52} 则记录了此航班的实际到达时间是 2013-12-23 的 00:30。在集成的数据里，需要解决这样的不一致性。

另一个例子，Airfare4.Flight 中的 r_{62} 表示 Airline1 的 49 号航班在 2014-04-05 原定的出发和到达时间分别是 18:05 和 21:10。虽然出发日期和 Airline1.Schedule 中的 r_{12} 一致（r_{12} 和 r_{62} 被高亮显示为绿色来表示它们之间的这种关系），但是原定的出发和到达时间却不一致，也许因为 r_{62} 错误地使用了 Airline1.Schedule 中的 r_{11} 中给出的过去的出发和到达时间。类似地，Airfare4.Flight 中的 r_{65} 表示 Airline2 的 53 号航班在 2014-06-28 原定的出发和到达时间分别是 15:30 和 23:35。虽然出发日期和 Airline2.Flight 中的 r_{33} 一致（r_{65} 和 r_{33} 都被高亮显示为黄绿色以表明它们之间的关系），但是原定的出发和到达时间却不一致，也许因为 r_{65} 错误地使用了 Airline2.Flight 中的 r_{32} 给出的过去的出发和到达时间。再一次表明，这些不一致性在集成起来的数据里需要被解决。

1.1.3　数据集成：体系结构和三个主要步骤

传统数据集成的方法解决语义歧义性、实例表示歧义性和数据不一致性带来的挑战时使用的是一种流水线体系结构，主要包含三个步骤，如图 1-1 所示。

图 1-1 传统数据集成的体系结构

传统数据集成中的第一个主要步骤是模式对齐。它主要针对的是语义歧义性带来的问题，目标是理解哪些属性具有相同的含义而哪些属性的含义不同。其正式的定义如下。

定义 1.1 给定某一领域内的一组数据源模式，不同的模式用不同的方式描述该领域。**模式对齐**步骤生成以下三种输出。

1）**中间模式**。它为不同数据源提供一个统一的视图，并描述了给定领域的突出方面。

2）**属性匹配**。它将每个源模式中的属性匹配到中间模式的相应属性。

3）**模式映射**。每个源模式和中间模式之间的映射用来说明数据源的内容和中间数据的内容之间的语义关系。

结果模式映射被用来在查询问答中将一个用户查询重新表达成一组底层数据源上的查询。

种种原因使得这一步并不简单。不同数据源可以用非常不同的模式描述同一领域，如前面的航班例子。他们可以用不同的属性名来描述同一属性（如 Airline1.Flight 中的 Arrival Date、Airline2.Flight 中的 Actual Arrival Date 以及 Airport3.Arrivals 中的 Actual）。另外，数据源也会用相同的名字表示不同含义的属性（如 Airport3.Departures 中的 Actual 指的是实际出发日期，而 Airport3.Arrivals 中的 Actual 指的是实际到达日期）。

传统数据集成中的第二个主要步骤是记录链接。它主要针对的是实例表示歧义性所造成的问题，目标是理解哪些记录表示相同的实体而哪些不是。其正式的定义如下。

定义 1.2 给定一组数据源，每个包含了定义在一组属性上的一组记录。**记录链接**是计算出记录集上的一个划分，使得每个划分类包含描述同一实体的记录。

9

即使已经完成了模式对齐，记录链接仍然很有挑战。不同的数据源会用不同的方式描述同一实体。例如，Airline1.Schedule 中的 r_{11} 和 Airline1.Flight 中的 r_{21} 应该被链接到 Airport3.Departures 中的 r_{41}；然而，r_{11} 和 r_{21} 没有显式地提到航空公司的名字，而 r_{41} 没有显式地给出起飞机场，而要唯一确定一个航班，这两种信息都需要。另外，不同数据源可能使用不同的形式表示相同的信息（例如前面例子中讨论的表示机场的各种方式）。最后，在数百亿条记录中使用两两比较的方法来判定两条记录是否描述同一实体的方法是不可行的。

传统数据集成中的第三个主要步骤是数据融合。它主要针对的是数据质量带来的挑战，目标是理解在数据源提供相互冲突的数据值时在集成起来的数据中应该使用哪个值。其正式的定义如下。

定义 1.3 　给定一组数据项，以及为其中一些数据项提供值的一组数据源。**数据融合**决定每个数据项正确的值。

许多种原因都可能造成数据冲突，如输入错误、计算错误（例如，r_{32} 和 r_{52} 的实际到达日期之间的不一致）、过时的信息（例如，r_{12} 和 r_{62} 的原定出发和到达时间之间的不一致）等。

我们将在后面的章节逐一介绍每一步骤中所使用的各种方法。下面我们继续讨论当数据集成从传统数据集成演化到大数据集成时所带来的挑战和机遇。

1.2　大数据集成：挑战

为了更好地理解大数据集成带来的各种挑战，我们给出 5 个最近的案例研究，实验性地检查大数据集成中的 Web 数据源的各种特征，以及对这些特征自然分类的维度。

"当你能度量你所说的，并能将它表示成数字，那么你就认识它一些了。"

—— Lord Kelvin

1.2.1 "V" 维度

大数据集成在多个维度上不同于传统数据集成，类似于大数据不同于传统数据库的维度。

1. 海量性（Volume）

在大数据时代，不仅数据源包含大量的数据，而且数据源的数目也增长到千万级；即使对于单个领域，数据源的数目也增长到成万到十万甚至百万的级别。

很多情境下，单一的数据源可能包含大规模的数据，如社交媒体、电信网络以及金融等。

单个领域中包含大量数据源的情境，可以考虑我们给出的航班的例子。假设我们想把它扩展到世界上所有航空公司和机场，从而可以支持灵活的国际旅行的航行计划。由于全世界有成百上千个航空公司和 4 万多个机场[⊖]，需要被集成的数据源数目很容易就上万乃至十万了。

> 11

更一般地，我们将在 1.2.2 节、1.2.3 节和 1.2.5 节中讨论的案例研究中量化包含结构化数据的 Web 数据源的数目，结果显示这些数目大大超过了传统数据集成中所考虑的数据源的数目。

2. 高速性（Velocity）

数据被采集和不断被可用化的速度直接导致大多数数据源都是动态的，而且数据源的数目也是飞速增长的。

动态数据源的情境可以考虑我们给出的航班的例子，其中上万个数据源在提供随时间不断变化的信息。有些信息的变化粒度是小时和分钟，例如航班的估计出发和到达时间，以及航班当前的位置等。其他一些信

⊖　https://www.cia.gov/library/publications/the-world-factbook/fields/2053.html (accessed on October 1, 2014).

息变化得更慢些，以月、星期或天为变化粒度，例如航班原定的出发和到达时间的变化。为所有这些数据源上的动态变化的数据提供一个集成的视图，是传统数据集成方法无法做到的。

为了说明数据源数目的增长速度，我们在 1.2.2 节中讨论的案例研究显示了几年内深网数据源数目的爆炸性增长。毫无疑问，这些数目现在可能变得更大了。

3. 多样性（Variety）

来自不同领域的数据源自然是多样的，因为它们描述不同类型的实体和关系，经常要在支持复杂应用时需要被集成起来。另外，即使同一领域的数据源也常常是异构的，主要体现在模式级别如何结构化它们的数据和在实例级别如何描述同一现实世界中的实体，即使对非常类似的实体也会显示很大的多样性。最后，这些领域、源模式以及实体表达会随着时间演化，更增加了大数据集成中需要处理的多样性和异构性。

再次考虑我们的航班例子。假设我们想把它扩展到其他交通类型（如飞机、轮船、火车、大巴、出租车等）来支持复杂的国际旅行计划的制订。需要被集成的数据源的多样性将大大提高。除了世界上的航空公司和机场，又有世界上近千个活跃的海港和内陆港⊖，世界范围内 1 000 多个大巴公司⊜，以及差不多相同数目的火车公司⊕。

我们在 1.2.2 节、1.2.4 节和 1.2.5 节给出的案例研究量化了 Web 数据源中实际存在的巨大的多样性。

4. 真实性（Veracity）

不同数据源的质量千差万别，在数据的覆盖面、精确度以及时效性等方面存在着巨大差异。

我们的航班例子显示了实际中可能存在的一些具体的质量问题。随着数据源数目和多样性的不断增长，这些质量问题只会更加恶化，因为

⊖ http://www.ask.com/answers/99725161/how-many-sea-ports-in-world (accessed on October 1, 2014)。

⊜ http://en.wikipedia.org/wiki/List_of_bus_operating_companies (accessed on October 1, 2014)。

⊕ http://en.wikipedia.org/wiki/List_of_railway_companies (accessed on October 1, 2014)。

实际中数据源之间会互相复制而且存在着不同类型的相关性。

我们在 1.2.3 节、1.2.4 节和 1.2.6 节中给出的案例研究显示了即使在同一领域的 Web 数据源中可能存在的严重的数据覆盖和质量问题。这也说明为什么"三个商业领导者中间就有一个不相信他们用来做决策的信息"[⊖]。

1.2.2　案例研究：深网数据量

深网包含大量的数据源，其数据被存储在数据库中并且只能通过查询 Web 表单来获得。[He at al. 2007]和[Madhavan et al. 2007]实验性地研究了深网中数据源的海量性、高速性和领域级的多样性等性质。

1. 主要问题

这两个研究集中在以下两个与 1.2.1 节中给出的"V"维度相关的主要问题。

- 深网的规模有多大？

例如，Web 上有多少个数据库的查询界面？通过这样的查询界面可以存取多少个 Web 数据库？多少 Web 数据源提供这样的数据库查询界面？这些有关深网的数字是如何随时间变化的？

- Web 数据库的领域分布是什么？

例如，是否深网的数据源主要是关于电子商务的，如商品搜索？还是 Web 数据库存在着相当程度的领域级的多样性？这些领域级的多样性和浅层网比较起来如何？

2. 研究方法

由于没有一个对深网数据源的较完全的索引，两个研究都是用采样的方法来量化这些问题的答案。

[He at el. 2007]使用一种 IP 采样的方法搜集服务器样本，即随机采样 2004 年的 1 百万个 IP 地址，使用 WgetHTTP 客户端下载 HTML 页面，

13

⊖　http://www-01.ibm.com/software/data/bigdata/ (accessed on October 1, 2014)。

然后人工判定和分析此样本中的 Web 数据库，以此来推算 22 亿个有效 IP 地址。这一研究使用下面的方法来区分深网数据源、Web 数据库（一个深网数据源可以包含多个 Web 数据库）和查询界面（一个 Web 数据库可能被多个查询界面所存取）。

1）从每个 Web 数据源的根页面开始向下爬取三层，然后判定爬取到的页面上的所有 HTML 查询界面。

一个数据源上的多个查询界面可能指向同一底层的数据库。这可以通过下面的方法来判定：先人工随机选择一个查询界面上返回的一组对象，然后看是否每个对象也可以通过另外一个查询界面获取。

2）Web 数据库的领域分布通过对 Web 数据库人工进行分类的方法来确定。分类的类别是 Yahoo（http://yahoo.com）分类结构中最顶层的所有类别。

[Madhavan et al. 2007]从 Google 2006 年的索引中随机采样 2 500 万个网页，然后用规则驱动的方法判定这些页面上的深网查询界面，并最终将他们的估计推算至 Google 索引中的 10 亿多页面上。沿用[He et al. 2007]中的术语，这一研究主要检查了深网中查询界面的数目，而不是不同深网数据库的数目。他们使用的方法如下。

1）由于许多 HTML 表单（form）可能出现在多个网页上，他们为每个表单计算了一个签名，具体把表单动作中的主机名和可视输入项合在一起得到。这被用来得到不同 HTML 表单的数目的下界。

2）从这一数字出发，他们删去了非查询表单（如密码输入项）和网站搜索框，并只计算那些至少有一个文本输入域且包含 2~10 个输入项的表单。

3. 主要结果

我们按照几个"V"维度来归类这些研究得到的主要结果。

（1）海量性、高速性

[He et al. 2007]在 2004 年估计深网大概含有 307 000 个数据源，

450 000 个 Web 数据库，以及 1 258 000 个不同查询界面。这是从他们随机选择的 IP 样本中判定的总共 126 个深网数据源（包含 190 个 Web 数据库和 406 个查询界面）推算得到的。由于判定的深网数据源的数目不大，使得他们能用人工判定查询界面的方法来完成他们大部分的分析工作。

[Madhavan et al. 2007]在 2006 年估计深网有超过 1 000 万个不同的查询界面。这是从他们随机采样的网页中判定的 647 000 个不同查询界面中推算出的。判定这样大量的查询界面需要使用自动的方法来区分深网查询界面和非查询界面。Madhavan 等估计出的查询界面的数目大于 He 等估计出的数目也部分反映了深网数据源的数目在这两个研究点的时间段内快速增长的速度。

（2）多样性

[He et al. 2007]的研究显示深网数据库具有很大的领域级多样性，在他们样本中被判定出来的 190 个 Web 数据库中，51%属于非电子商务领域，如健康、社会文化、教育、艺术人文、科学等，只有 49%属于电子商务领域。表 1-10 给出了 He 等人研究中判定的领域类别分布，表明了在大数据集成中数据的领域级多样性。Web 数据库的领域级多样性与浅层网形成鲜明对比，之前的一个研究表明浅层网中 83%的网站是电子商务类的。

[Madhavan et al. 2007]的研究也肯定了深网数据源中的语义内容也很广，分布在大部分类别上。

表1-10　Web数据库的领域类型分布[He et al. 2007]

领域类型	E-commerce	百分比
商业&经济	是	24%
计算机&互联网	是	16%
新闻&媒体	是	6%
娱乐	是	1%
休闲&体育	是	2%

（续）

领域类型	E-commerce	百分比
健康	否	4%
政府	否	2%
地区	否	4%
社会&文化	否	9%
教育	否	16%
艺术&人文	否	4%
科学	否	2%
参考	否	8%
其他	否	2%

1.2.3　案例研究：抽取的领域数据

浅层网的文档中包含了大量结构化的数据，可以用信息抽取的技术得到。[Dalvi et al. 2012]实验性地研究了某些领域（如餐馆、旅店）内的这些结构化数据（即实体和它们的属性）的数量和覆盖特性。

1. 主要问题

这一研究集中在以下两个与 1.2.1 节中给出的"V"维度相关的主要问题。

- 要为一个给定领域（甚至限定一组属性）构建一个完全的数据库需要多少数据源？

例如，要构建一个完全的数据库（如覆盖领域内 95%的信息），是否已经建好的主要信息聚集网站（如餐馆领域的 http://yelp.com）就包含了绝大部分信息，还是要去访问一些长尾数据源?是否有足够的需求要构建一个完全的数据库，例如用对长尾实体的需求来衡量？

- 发现一个给定领域的数据源和实体有多容易？

例如，是否可以从几个数据源或种子实体出发迭代地发现大部分（如 99%）数据？主要信息聚集网站在这一数据源发现过程中的作用有多关键？

2. 研究方法

回答这些问题的一种方法是在各种领域内实际进行 Web 规模的信息抽取，然后计算出需要的数值；但这是一个极具挑战的任务，好的解决方法仍在研究中。相反，[Dalvi et al. 2012]采用的方法是研究具有以下三个特性的领域。

1）有一个包含该领域内实体的较完全的结构化数据库可以被访问。

2）实体可以由网页上的一些关键属性值所唯一标识。

3）包含实体的关键属性的（近乎）所有网页可以被访问。

Dalvi 等给出了 9 个这样的领域：图书、餐馆、汽车、银行、图书馆、学校、旅店和借宿、零售和购物，以及家居和园艺。图书可以被 ISBN 所唯一标识，而其他领域内的实体可以用电话号码和/或主页 URL 来唯一标识。对每个领域，他们找到 Yahoo!网页缓存中每个页面上实体的标识属性，将网页按照主机名分组，每个组对应一个数据源，然后将每个数据源的所有网页上发现的实体聚集在一起。

他们用一个实体和数据源之间的二分图来为数据源和实体发现容易程度问题建模。边（E, S）表示实体 E 在数据源 S 中被发现。图的一些诸如二分图的连接度等性质有助于理解迭代信息抽取算法相对于种子实体和初始数据源选择的鲁棒性。类似地，图的直径可以指出需要多少次迭代才可以收敛。这样，他们不需要实际进行信息抽取，只要研究他们数据库中已有的实体信息分布即可。尽管这种方法有一定的局限性，它为这一主题的研究提供了一个很好的开始。

3. 主要结果

我们按照几个"V"维度来归类这一研究得到的主要结果。

海量性

第一，他们发现研究的所有领域具有上万到上十万的数据源（见图 1-2 中所示的餐馆领域中的电话号码数量）。这些数目大大超出了传统数据集成中考虑的数据源数目。

第二，他们显示长尾数据源含有大量的信息，即使对餐馆这样具有很好的主要信息聚集网站的领域。例如，http://yelp.com 包含少于 70% 的餐馆电话号码和少于 40% 的餐馆主页。从前 10 个数据源（按数据源所包含的实体个数降序排列）可以抽取出约 93% 的餐馆电话号码；从前 100 个数据源可以抽取出接近 100% 的餐馆电话号码，如图 1-2 所示。然而，对于一个不太常见的属性，如主页 URL，情况就大不同了：要抽取 95% 的餐馆主页 URL 需要至少 10 000 个数据源。

第三，他们使用 k-coverage（数据库中出现在至少 k 个数据源中的实体所占的比例）来调查信息的冗余度，以使得抽取出的信息具有更高的置信度。例如，他们显示要获得 90% 餐馆电话号码的 5-coverage 需要 5000 个数据源（而 10 个数据源就足以获得 93% 电话号码的 1-coverage），见图 1-2。

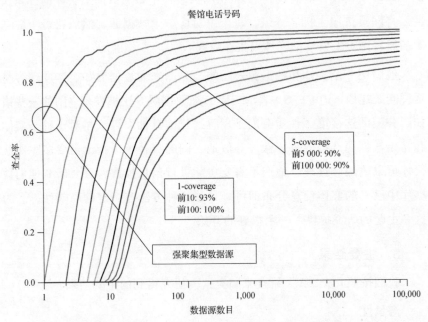

图 1-2 餐馆领域电话号码的 k-coverage（出现在至少 k 个不同数据源的实体的比例）
      [Dalvi et al. 2012]

第四，他们（使用用户生成的对餐馆的评论）显示从长尾数据源中抽取出的信息具有很大的价值。具体地，尽管对评论信息的需求和评论信息的数量都在向尾部递减，但是评论信息的数量递减得更快，说明长尾抽取是有价值的，尽管对其需求相对较低。

第五，如图 1-3 所示，他们观察到存在着大量的数据冗余（平均每个实体出现在几十个到几百个数据源中），以及同一领域的数据很好地互联在一起。这一数据冗余性和良好的互联性在大数据集成的发现数据源和实体过程中非常关键。具体地，对于几乎所有的（领域，属性）对而言，超过 99% 的实体存在于二分图的最大连接子图，说明即使随机选择一小组实体作为种子也足以到达领域中的大部分实体。另外，一个小的直径长度（6~8）意味着迭代算法会很快收敛。最后，他们显示即使在去掉前 10 个信息聚集型数据源，二分图仍然保持良好的互联性（连接超过 90% 的实体），表明这一互联性不仅仅依赖于主要的聚集型数据源。

领域	属性	每个实体的平均站点数	直径	连通子图数	最大连通子图中实体的百分比
书籍	ISBN	8	8	439	99.96
汽车	电话	13	6	9	99.99
银行	电话	22	6	15	99.99
家居	电话	13	8	4507	99.76
酒店	电话	56	6	11	99.99
图书馆	电话	47	6	3	99.99
餐馆	电话	32	6	52	99.99
零售	电话	19	7	628	99.93
学校	电话	37	6	48	99.97
汽车	主页	115	6	10	98.52
银行	主页	68	8	30	99.57
家居	主页	20	8	5496	97.87
酒店	主页	56	8	24	99.90
图书馆	主页	251	6	4	99.86
餐馆	主页	46	6	146	99.82
零售	主页	45	7	1260	99.20
学校	主页	74	6	122	99.57
		高数据冗余	低直径		高连通数据

图 1-3　[Dalvi et al. 2012]中研究的 9 个领域的连接性（实体和数据源之间）

1.2.4 案例研究：深网数据的质量

[He et al. 2007]和[Madhavan et al. 2007]中的研究展示了深网数据的海量性、高速性，以及领域级多样性，但没有调查这些数据源中的数据质量的问题。为了弥补这一缺陷，[Li et al. 2012]实验性地研究了深网数据的真实性问题。

1. 主要问题

这一研究集中在以下两个与 1.2.1 节中给出的"V"维度相关的主要问题。

- 深网数据的质量如何？

例如，深网数据源之间是否存在大量的冗余数据？一个领域的不同数据源中的数据是否一致？某些领域的数据质量是否优于其他领域？

- 深网数据源的质量如何？

例如，数据源是否高度准确？正确的数据是否被大多数数据源提供？在数据源出现不一致时，是否存在一个可以被信任的权威数据源而所有其他数据源均可以忽略？数据源是否和其他数据源共享或相互复制数据？

2. 研究方法

回答这些问题的一种方法是在每个领域实际地进行跨所有深网数据源的大数据集成；但这是一个极具挑战的任务，还未被解决。相反，[Li et al. 2012]采用的方法是研究具有以下特性的一些领域。

1）这些领域内的深网数据源被频繁使用，而且被认为是干净的因为错误数据会对人们的生活产生负面影响。

2）这些领域内的实体在数据源之间被一些关键属性一致地唯一标识，这使得易于跨深网数据源链接信息。

3）集中研究一部分较流行的数据源足够理解这些领域中用户所体验到的数据质量问题。

[Li et al. 2012]的研究给出了两个这样的领域：股票和航班。股票用股票代号（如 T 表示 AT&T 公司，GOOG 表示 Google 公司）可以被跨数据源一致地唯一标识；航班号（如 UA 48）和出发/到达机场代码（如 EWR 和 SFO）一般可以被用来跨数据源地唯一标识某天内的航班。他们用以下方法确定了每个领域内较流行的一组深网数据源：i）使用领域特定的词汇搜索通用搜索引擎，然后在返回的前 200 个结果中人工判断深网数据源；ii）选出那些使用 GET 方法（即查询表单的数据被编码在 URL 中）而不是使用 Javascript 的数据源。这样他们在股票领域得到 55 个数据源（包括流行的金融信息聚集网站如 Yahoo! Finance、Google Finance 和 MSN Money，官方的股票交易数据源如 NASDAQ，以及一些金融新闻数据源如 Bloomberg 和 MarketWatch），在航班领域得到 38 个数据源（包括 3 个航空公司数据源、8 个枢纽机场数据源，以及 27 个第三方数据源如 Orbitz、Travelocity 等）。

20

在股票领域，他们从 Dow Jones、NASDAQ 和 Russell 3000 选择了 1000 只股票代号，在 2011 年 7 月的每个工作日用每只股票代号分别查询 55 个数据源。查询在每天股票市场结束一小时后提交。从不同数据源抽取出的属性被人工匹配来判断那些全局不同的属性；其中 16 个常见属性的值在股票市场结束后较稳定（如每日收盘价），再被进一步详细分析。他们在 5 个流行金融数据源用多数表决的结果为 200 个股票代号生成了一组标准数据。

在航班领域，他们集中研究了从三大航空公司（联合航空、大陆航空和美国航空）的枢纽机场出发和到达的 1200 个航班，在 2011 年 12 月的每一天，在其原定到达时间至少一小时之后查询每个航班。从不同数据源抽取出的属性被人工匹配来判断那些全局不同的属性；其中 6 个常见属性被进一步详细分析。他们用相应的航空公司数据源提供的数据为 100 个航班生成一组标准数据。

3.　主要结果

类似于前面的案例研究，我们按照 1.2.1 节中的"V"维度来归类这一研究得到的主要结果。

尽管这一研究的目标主要集中在数据的真实性，这一研究的结果同时显示了深网数据源模式级的多样性。

（1）多样性

[Li et al. 2012]在所调查的深网数据源中发现相当大的模式级的多样性。例如，股票领域的 55 个数据源提供了不同数目的属性，属性个数最少的是 3，最多的是 71，总共有 333 个属性。人工匹配了不同数据源的属性后，他们得到了 153 个全局不同的属性，其中许多属性用其他属性计算得到（如 52 个星期的最高和最低价格）。提供这些属性的数据源数目的分布是非常偏斜的，仅有 13.7%的属性（共 21 个）由三分之一以上的数据源所提供，而 86%的属性由少于 25%的数据源提供。航班领域的模式多样性较小，38 个数据源共提供了 43 个属性，经过人工匹配后得到 15 个全局不同的属性。

21

（2）真实性

虽然所研究的领域内的数据被认为应该是很干净的，但数据质量并不如所期望的那样高。具体地，这些领域的数据展示了很强的不一致性。例如，在股票领域，同一数据项的不同值（允许一定值容差后）的个数最少是 1，最大是 13，平均是 3.7；另外，超过 60%的数据项的不一致值由不同数据源所提供。在航班领域，值的不一致程度低很多，同一数据项的不同值（允许一定值容差后）的个数最少是 1，最大是 5，平均是 1.45；另外，少于 40%的数据项的不一致值由不同数据源所提供。不同的原因造成观察到的数据的不一致性，包括语义歧义性、过期数据以及错误。图 1-4 展示了两个领域的数据项的不同值的数目的分布。Li 等人表明这些不一致性不能用简单的多数表决方法来解决，表决结果的精度常常低于使用单一数据源得到的最高精度。

另外，他们观察到深网数据源的准确度变化很大。在股票领域，数据源的平均准确度为 0.86，而且只有 35%的数据源的准确度超过 0.9。尽管大多数权威数据源的准确度超过 0.9，但是它们的覆盖率都低于 0.9，意味着一个应用无法只依赖于某个单一的权威数据源而忽略所有其他数据源。在航班领域，数据源的平均准确率更低，只有 0.8，29%的数据源的准确率低于 0.7。这一领域中权威数据源的准确度超过 0.9，但是它们的覆盖率都低于 0.9。

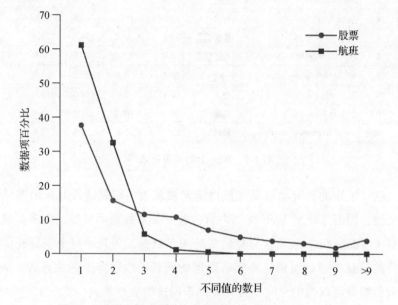

图 1-4　股票和航班领域中数据项的一致性[Li et al. 2012]

最后，[Li et al. 2012]观察到每个领域中的深网数据源间存在着复制现象。一些情况下的复制被明确说明，但其他情况下的复制是通过观察嵌入的界面和查询重定向来检测出的。有趣的是，被复制的原始数据源的准确度并不总是很高，在股票领域其变化范围是 0.75～0.92，在航班领域是 0.53～0.93。

1.2.5　案例研究：浅网结构化数据

浅层网上的静态 HTML 页面上明显地含有大量的无结构数据，也包含大量的结构数据，体现在 HTML 表格（table）中，如图 1-5 所示的表格。[Cafarella et al. 2008b]和[Lautert et al. 2013]实验性地研究了网上这些表格的数量和结构多样性。

Rank ⬍	Airline ⬍	country ⬍	revenue ($B) ⬍	profit ($B) ⬍	assets ($B) ⬍	market cap. ($B) ⬍
1	Deutsche Lufthansa		39.7	1.3	37.5	9.7
2	American Airlines [1]		38.7	-1.3	32.9	3.9
3	United Continental Holdings		37.2	-0.7	37.6	10.3
4	Delta Air Lines		36.7	1	44.6	13.6
5	Air France-KLM		33.8	-1.6	34.7	3.1
6	International Airlines Group		23.9	-1.2	25.6	7.6
7	All Nippon Airways		17.1	0.3	23.5	7.8
8	Southwest Airlines		17.1	0.4	18.6	9
9	Qantas Airways		16.1	-0.3	21.7	4.1
10	China Southern Airlines		15 7	0.4	22 9	5 8

图·1-5 Web 上的高质量表格

这一工作的研究动机是浅层网通常被视为一组超链接起来的非结构化文档，因而忽略了 Web 文档中所包含的关系数据。例如，大多是维基百科（Wikipedia）网页含有高质量的关系数据，为几乎每个主题提供有价值的信息。通过识别这些爬取器可访问到的浅层网上的关系表，Web 搜索引擎就可以为用户的关键词查询返回这类表格了。

1. 主要问题

这些研究集中在以下两个与 1.2.1 节中给出的"V"维度相关的主要问题。

- 浅层网上具有多少高质量的关系表？如何将它们和 HTML 表格的其他使用（如表单布局）区分开来？

- 这些表格的异构程度如何？

例如，表格的大小，即行和列的数目，是如何分布的？多少这样的表格具有比传统的关系表更丰富的结构（如嵌套表、列联表）？

2. 研究方法

[Cafarella et al. 2008b]从 Google 爬取的几十亿个英文网页出发，使用一个 HTML 解析器获得网页上的所有 table 标签。其中只有一小部分发现

的表格是高质量的关系表，他们使用以下方法将这些表格和那些非关系表的 HTML 标签区分开来。

1）他们使用解析器将那些明显的非关系表格去掉，包括极小表格（少于 2 行或 2 列），嵌在 HTML 表单中的表格（用于可视化用户输入域的布局），以及日历。

2）他们在剩下的表格中选取一部分样本，然后人工标注来估计高质量关系表的比例。

3）他们基于各式各样表级的特征训练了一个分类器来区分关系表和 HTML table 标签的其他用法，如页面布局和属性表（property sheet）等。接下来，他们用分类器的输出结果收集有关分布的统计数据。

[Lautert et al. 2013]观察到 Web 上即使高质量的表格也是异构的，有水平、垂直和矩阵的结构，一些单元格跨多个行或列，一些单元格中有多个值，等等。他们使用下面的方法量化 Web 上表格的异构性。

1）他们从 Wikipedia、电子商务、新闻、大学等数据源出发爬取了一组网页，然后抽取出网页上所有的 HTML 表格，共访问了 174 927 个 HTML 页面，抽取出 342 795 个不同的 HTML 表格。

2）他们使用包括页面布局、HTML 和词汇方面的 25 个特征，开发了一个有监督的神经网络分类器将表格分到不同类别。训练数据集含有 4000 个 Web 表格。

3. 主要结果

我们按照几个 "V" 维度来归类这些研究得到的主要结果。

（1）海量性

首先，[Cafarella et al. 2008b]从所爬取的页面中抽取出大约 141 亿个 HTML 表格。其中 89.4%（或者 125 亿）被去掉了，因为解析器判断它们是明显的非关系表（大部分是极小表格）。在剩下的表格中，用人工在一个样本集上判断的结果推断有大约 10.4%（或者 1.1% 的初始 HTML 表格）是高质量关系表。从而可以估计 Web 上大约有 15 400 个高质量的关系表格。

其次，[Cafarella et al. 2008b]使用诸如行数、列数、大部分为 NULL 值的行数、非字符串数值的列数、单元格中字符串长度的平均值和标准差等为特征，训练了一个分类器来判别高质量关系表格，其查全率较高，为 0.81，而查准率则较低，只有 0.41。使用分类器的结果，他们得到了高质量关系表的行数和列数的分布统计数据。93%以上的这些表具有 2～9 列；非常少的高质量表格具有非常多的属性列。相反，高质量表的行数呈现较大的多样性，如表 1-11 所示。

表1-11　Web上高质量关系表的行统计值[Cafarella et al. 2008b]

行数	表格百分比
2-9	64.07
10–19	15.83
20–29	7.61
30+	12.49

（2）多样性

[Lautert et al. 2013]确定在 Web 上的高质量表格中存在着相当大的结构多样性。只有 17.8%的高质量 Web 表格类似于传统关系数据库中的表格（每个单元格含有单个值，不跨多行或多列）。Web 表格不同于 RDBMS 中表的两大主要原因是：ⅰ）74.9%的表格含有包含多个值（相同或不同数据类型）的单元格。ⅱ）12.9%的表格含有跨多个行或列的单元格。

1.2.6　案例研究：抽取的知识三元组

我们最后一个案例研究是关于使用 Web 规模的信息抽取技术获得的领域无关的结构化数据，即被表示为<主语，谓词，宾语>的知识三元组。在我们的航班例子里，三元组<Airline1_49, departs_from, EWR>和<Airline1_49, arrives_at, SFO>表示 Airline1 航空公司的 49 号航班的出发和到达机场分别是 EWR 和 SFO。[Dong et al. 2014b]实验性地研究了通过爬取大量网页并从中抽取获得的这样的知识三元组的数量和真实性。

这一工作的起因是要完成自动构建大规模知识库的任务，即通过使用多个抽取器从每个数据源为每个数据项抽取出（可能相互冲突的）值，然后解决抽取出的三元组中存在的歧义性，最后构建一个高质量的知识库。

1. 主要问题

这一研究集中在以下两个与 1.2.1 节中给出的"V"维度相关的主要问题。

- 从 Web 网页上可以被抽取出的知识三元组的数目和分布特性是什么？

例如，从网页的 DOM 树结构中抽取出的三元组数目和使用自然语言处理技术从非结构文本中抽取出的三元组数目。

- 抽取出的三元组的质量以及抽取器的准确度如何？

2. 研究方法

[Dong et al. 2014] 爬取了超过 10 亿个 Web 页面，使用以下方法从 4 类网页内容中抽取知识三元组。

1）他们从 4 类页面内容中抽取三元组：i）文本文档，通过检查短语和句子；ii）DOM 树，出现在浅层网页中（如 Web 列表）以及深网数据源中；iii）Web 表格，包含高质量关系信息，其中行表示三元组中的主语，列表示谓词，对应单元格中的值是宾语；iv）Web 标注，由网站管理员使用标准的 Web 本体（如 http://schema.org）手工创建。

2）他们限定抽取的三元组中的主语和谓词必须已经存在于已有的知识库如 Freebase [Bollacker et al. 2008] 中。

3）抽取出的知识的质量用 Freebase 知识库作为标准来衡量。具体地，如果一个抽取出的三元组 <s, p, o> 存在于 Freebase 中，则为真；如果 <s, p, o> 不在 Freebase 中，但 <s, p, o'> 在，则抽取出的三元组 <s, p, o> 被视为假；否则其不被包含在标准结果集中。

26

3. 主要结果

我们按照几个"V"维度来归类这一研究得到的主要结果。

（1）海量性

首先，[Dong et al. 2014b]抽取出 16 亿不同三元组，其中 80%来自 DOM 树结构，19%来自文本文档。不同类型的 Web 页面内容抽取出的三元组重叠部分很小，如图 1-6 所示。

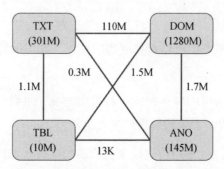

图 1-6   不同 Web 内容的贡献和相互重叠[Dong et al. 2014b]

其次，这些抽取到的三元组与 Freebase 中的 4 300 万个主语和 4 500 个谓词（3.37 亿个（主语，谓词）对）有关。大部分分布（如每个主语的三元组数目）是高度偏斜的，有很长的长尾；例如，前 5 个实体每个具有 100 万个以上的三元组，而 56%的实体每个只抽取出不超过 10 个三元组。

（2）真实性

在抽取出的 16 亿三元组中，40%（或 65 000 万个）三元组具有标准结果，其中 2 亿个被认为是真的。从而，抽取出的三元组的总体准确度仅约为 30%。大部分的错误是抽取错误，但也有一小部分是由于数据源提供了错误信息造成的。

此研究显示不同抽取器的准确度存在巨大差异。

1.3   大数据集成：机遇

大数据集成不仅带来许多以"V"维度为特征的挑战，如第 1.2 节中我们讨论的。另外，大数据集成与管理分析大数据的基础设施也成就许多机遇，以应对这些挑战。我们主要讨论三个这样的机遇。

1.3.1　数据冗余性

从不同数据源得到的数据通常存在着部分重叠，因而导致要被集成的大量数据源之间存在巨大的数据冗余。

在我们给出的航班例子中，这一点非常清楚。例如，有关 Airline1 航空公司的 49 号航班的 Departure Airport、Scheduled Departure Time、Arrival Airpot 和 Scheduled Arrival Time 的信息可以从 Airline1、Airport3 和 Airfare4 三个数据源中的任何一个获得。

1.2.3 节和 1.2.4 节中的案例研究表明多个领域中存在的冗余性。特别地，[Dalvi et al. 2012]的研究中提到在所研究的各个领域中每个实体所出现的数据源的个数平均还是较大的。如图 1-3 所示，每个旅店的电话号码平均出现在 56 个数据源中，而每个图书馆主页平均出现在 251 个数据源中。更进一步，这些高的平均值并不是由于数据分布的极端偏斜造成的；例如超过 80%的餐馆电话号码出现在至少 10 个不同的数据源，如图 1-2 中的 10-coverage 曲线所示。类似地，[Li et al. 2012]的研究中判断出股票领域的 16 个常见属性和航班领域的 6 个常见属性，这些属性都分别出现在领域内三分之一以上被分析的数据源中。

数据冗余的一个主要好处是可以有效地处理大数据集成中数据真实性带来的挑战，我们将在第 4 章对此进行详细讨论。直观地，如果仅有几个数据源提供有重叠的信息，而数据源对某数据项提供的值是有冲突的，则很难确信地判断出真值。但是如果像在大数据集成中一样存在大量的数据源，我们可以使用复杂的数据融合技术来发现真值。

数据冗余的第二个好处是开始解决大数据集成中数据多样性带来的挑战，找到数据源模式之间的属性匹配，这在模式对齐中至关重要。直观地，如果一个领域存在很大程度的数据冗余，其实体和数据源的二分图具有良好的连通性（如[Dalvi et al. 2012]中所研究的领域），则可以从一组已知的种子实体出发，使用搜索引擎的技术发现该领域内的大部分实体。当这些实体在不同的数据源有不同的对应模式时，我们就可以很自然地找到不同数据源所使用的模式之间的属性匹配。

数据冗余的第三个好处是能够为一个领域内的大数据集成发现相关数据源，如果数据源没有预先给定的话。直观的方法仍然是利用一个实体和数据源之间的良连通的二分图，从一组已知的种子实体出发，使用搜索引擎技术迭代地一次发现新的数据源和新实体。

1.3.2　长数据

现实中很重要的一部分大数据是长数据（long data），即关于随时间演化的实体的数据。

在我们给出的航班的例子中，航班时间表随时间演化，如 Airline1.Schedule 表所示。现实中，航空公司和飞机场数据源一般提供所估计的航班出发和到达时间，因而会在短时间内不断变化；航空公司的维护修理日志会提供关于飞机质量随时间变化的情况，等等。

尽管我们在本章中前面讨论的案例研究中没有特别地讨论如何处理长数据，但我们将在后面章节中描述的一些技术，尤其是用于记录链接（第 3 章）和数据融合（第 4 章）的技术，很大程度上利用了长数据。

直观地，现实世界中的实体演化导致它们的属性值随时间变化。包含这些实体的数据源所提供的信息不总是最新的，如 Airfare4.Flight 表中所示，过期的值是很普遍的。在这种情境下的记录链接和数据融合是具有挑战的，但是可以利用实体演化一般都是一个渐进和相对平滑的过程这一事实：i）即使航班的一些属性（如 Scheduled Departure Time）演化，其他属性（如 Departure Airport）不一定发生变化；ii）即使实体在短期内进行演化，这些属性值上的变化通常不会很奇特（例如，航空公司报告的一个航班的估计到达时间的变化）。

1.3.3　大数据平台

近年来，建立在廉价硬件上的集群（如 Hadoop）和分布式编程模型（如 MapReduce）的可伸缩的大数据平台获得了重大进步，使大数据的管理和分析获益。

由于大数据集成中的每个任务，模式对齐、记录链接和数据融合都需要很多的计算资源，所以大数据集成会是非常资源密集的。虽然要充分利用已有的大数据平台还有许多工作要做，但这一领域最近的工作已显示这些任务可以被有效地并行化。我们在后续章节将介绍一些这方面的技术，尤其是关于记录链接和数据融合的。

1.4　章节安排

本书的后续章节安排如下。在接下来的 3 章中，我们集中讨论数据集成的 3 个主要任务。第 2 章讨论模式对齐，第 3 章讨论记录链接，第 4 章讨论数据融合。这些章的结构类似：首先快速介绍传统数据集成中的任务，然后具体描述近年来的文献中如何解决各式各样由海量性、高速性、多样性和真实性带来的大数据集成中的挑战。在第 5 章，我们概述大数据集成所特有的新出现的研究主题。最后，第 6 章总结全书。

29

模式对齐

数据集成的第一部分是模式对齐。如我们第 1.2.3 节中所示，在同一领域有上万乃至千万的数据源，但是它们常常用不同的模式来描述该领域。例如，在 1.1 节的例子中，航班领域的 4 个数据源使用非常不同的模式；它们包含不同数目的表格和不同数目的属性；它们可能对同一属性使用不同的名字（如 Airline2.Flight 表中的 Scheduled Arrival Date 属性和 Airport3.Arrivals 表中的 Scheduled 属性）；它们可能使用相同的名字表示具有不同语义的属性（如 Arrival Time 在一个数据源表示飞机着陆时间，而在另外一个数据源表示飞机到达登机口的时间）。要将不同数据源的数据集成起来，第一步是对齐不同的模式以明白哪些属性具有相同的语义而哪些不相同。

在刚开始数据集成时，目标通常是集成一个组织内独立建构的成百上千的数据源。可以用一些半自动的工具如 Clio [Fagin et al. 2009]来简化模式对齐。2.1 节简要概述传统解决方法。

大数据环境下的数据集成问题要困难得多。其目标通常不是集成一个组织内的数据，而是集成 Web 上的结构化数据，表现为深网数据、Web 表格或列表。所以，要集成的数据源从成百计增长到成百万计；数据的模式也在不断变化。大数据的海量性和高速性同时也极大地增加了数据的多样性，因而需要新的技术和基础架构来解决模式的异构性。

2.2 节描述数据空间（dataspace）系统如何扩展传统数据集成的基础架构来解决大数据的多样性和高速性。数据空间遵循一种按需服务的原则：一开始提供诸如简单的关键词搜索这样的服务，然后随着时间渐渐地逐步发展模式对齐并改善搜索质量。

2.3 节描述模式对齐的新技术，使其能够解决集成 Web 上结构化数据时的海量性和多样性的问题。集成 Web 结构化数据包括通过爬取和索引的技术将深网数据表层化，并集成来自 Web 表格和列表的数据。

31

2.1 传统模式对齐：快速导览

模式对齐的传统方法包含三个步骤：创建一个中间模式、属性匹配和模式映射，如图 2-1 所示。

图 2-1　传统模式匹配的三个步骤

2.1.1 中间模式

首先，创建一个中间模式为不同的数据源提供一个统一的虚拟视图并捕捉到领域的突出方面。大多数情况下，中间模式是人工创建的。对于给出的航班的例子，一种可能的中间模式如下所示：

为航班例子创建的中间模式Mediate
Flight(Airline (AL), Flight ID (FI), Flight Number (FN), Flight date (FD), Departure Airport (DA), Departure Gate (DG), Departure Terminal (DTE), Scheduled Departure Time

（续）

为航班例子创建的中间模式Mediate
(SDT), Actual Departure Time (ADT), Arrival Airport (AA), Arrival Gate (AG), Arrival Terminal (ATE) Scheduled Arrival Time (SAT), Actual Arrival Time (AAT))
Fare(Flight ID (FI), Fare Class (FC), Fare (F))
Airport(Airport Code (AC), Airport Name (AN), Airport City (ACI), Airport State (AST), Airport Country (ACO))

中间模式 Mediate 包含三张表：Flight 表是航班信息；Fare 表是机票信息；Airport 表是机场信息。作为统一的视图，中间模式通常比每个模式包含更多的信息。例如，它包含机票和机场的信息，而这些在数据源 Airline1、Airline2 和 Airport3 中都不包括；另一方面，它又包含不存在于 Airfare4 数据源中的信息，如航班的实际出发和到达时间等信息。另外值得注意的是，中间模式并不包含每个数据源中的每项信息。例如，Airport3 数据源提供了关于跑道的信息，而这并没被包括在中间模式中，因为这一信息很少被用户查询。

2.1.2　属性匹配

接下来，每个数据源模式中的属性和中间模式中的相应属性进行匹配。很多情况下，属性匹配是一对一的，但有时中间模式中的一个属性可能对应数据源模式中的几个属性的组合，或反之。例如，Mediate.Airport 表中的 ACI、AST 和 ACO 属性组合起来对应于 AirInfo5.AirportCodes 表中的 AN 属性。图 2-2 给出了从 Airline1.Flight 表到 Mediate.Flight 表的属性匹配的一个例子。

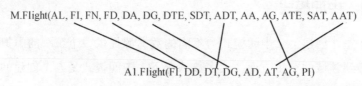

图 2-2　从 Airline1.Flight 表到 Mediate.Flight 表的属性匹配

研究者们已经提出了许多属性匹配的技术，利用属性名字、类型和值之间的相似度，以及属性间的近邻关系等。这方面的综述详见[Rahm and

Bernstein 2001]和[Bellahsene et al. 2011]。

2.1.3 模式映射

根据属性间相应的匹配可以建立每个数据源模式和中间模式之间的模式映射。这些映射说明了不同数据源内容之间的语义关系，被用来将中间模式上的一个用户查询转述成底层数据源上的一组查询。

有三种类型的模式映射：全局视图 global-as-view（GAV）、局部视图 local-as-view（LAV）和全局局部视图 global-local-as-view（GLAV）。GAV 说明如何通过查询数据源模式来获得中间模式的数据，换句话说，中间模式的数据被视为源模式数据上的一个视图。LAV 将源数据说明为中间模式数据的一个视图，该方法易于增加一个具有新模式的新数据源。最后，GLAV 将中间模式数据和各数据源的数据都说明为一个虚拟模式的视图。

例如，下表给出了中间模式和数据源 Airline1 之间的 GAV 映射和 LAV 映射。这些映射被表示为 Datalog 形式。GAV 映射指出可以通过连接 Airline1.Schedule 表和 Airline1.Flight 表的 Flight ID (FI)列来得到 Mediate.Flight 表中的属性值。LAV 映射则指出可以通过在 Mediate.Flight 表中先选择 Airline (AL)的值等于"Airline1"的所有元组，再投影得到 Airline1.Schedule 和 Airline1.Flight 中的属性值。

33

中间模式Mediate和数据源模式Airline1之间的映射	
GAV	Mediate.Flight(*'Airline1'*, *fi, fn, fd, da,* gate(*dg*), terminal(*dg*), *sdt, adt, aa,* gate(*ag*), terminal(*ag*), *sat, aat*) :- Airline1.Schedule(*fi, fn, sd, ed, sdt, da, sat, aa*), Airline1.Flight(*fi, fd, adt, dg, ad, aat, ag, pi*)
LAV	Airline1.Schedule(*fi, fn, —, —, sdt, da, sat, aa*) :- Mediate.Flight(*'Airline1'*, *fi, fn, fd, da, dg, dt, sdt, adt, aa, ag, at, sat, aat*) Airline1.Flight(*fi, fd, adt,* CAT(*dg, dt*), —, *aat,* CAT(*ag, at*), —) :- Mediate.Flight(*'Airline1'*, *fi, fn, fd, da, dg, dt, sdt, adt, aa, ag, at, sat, aat*)

根据属性匹配的结果半自动地建立模式映射的工具已经被研制出来了[Fagin et al. 2009]。在中间模式上提出的一个用户查询会根据模式映射被重新表述为在数据源模式上的查询[Halevy 2001]。

2.1.4   查询问答

图 2-3 描绘了一个传统数据集成系统中的查询问答。

用户通过表达中间模式上的查询来查找一个数据集成系统中底层的数据。例如，一个用户可以如下查询所有从 EWR 出发，到达 SFO，并且票价低于\$1 000 的航班。

```
SELECT DISTINCT Flight.*
FROM Flight, Fare
WHERE Flight.DA='EWR' AND Flight.AA='SFO'
   AND Flight.FI = Fare.FI AND Fare.F < 1000
```

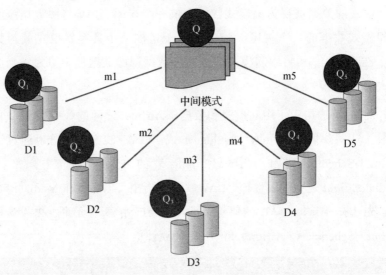

图 2-3   传统数据集成系统中的查询问答

然后系统根据中间模式和每个数据源模式之间的模式映射将查询重新表达为底层数据源之上的查询。例如上面的查询无法被数据源 Airline1、Airline2 和 Airport3 所回答，因为它们缺少关于票价的信息；但是它可以被重新表达为数据源 Airfare4 和 Airinfo5 之上的如下查询来回答。

```
SELECT DISTINCT Fl.FI, Fl.FN, Fl.DD, Al.AC, . . .
FROM Airfare4.Flight AS Fl, Airfare4.Fares AS Fa,
```

```
    Airinfo5.AirportCodes AS A1, Airinfo5.AirportCodes AS A2
WHERE A1.AC='EWR' AND A2.AC='SFO'
    AND A1.AN CONTAINS Fl.DA AND A2.AN CONTAINS Fl.AA
    AND Fl.FI = Fa.FI AND Fa.F < 1000
```

最后，查询处理器在源数据上回答查询，并返回一组合并后的结果给用户。

2.2 应对多样性和高速性的挑战

一个数据集成系统极大地依赖于数据源和中间模式之间的模式映射来完成查询重写。但是，众所周知创建和维护这些映射并不容易，需要大量的资源、前期投入的经历以及专业技术等。虽然已经有帮助生成模式映射的工具；但是，仍然需要领域专家来改进自动生成的映射。因而，模式对齐成为建立一个数据集成系统的主要瓶颈之一。在大数据情况下，有巨大数量的数据源而且数据的模式可能会不断变化，要生成完美的模式映射并且使它们能随着不断演化的数据源模式而更新是不可能的。

[Franklin et al. 2005]提出一种数据空间支持平台，通过按需集成的数据管理方式来解决数据的多样性和高速度：最初提供一些服务，然后按需逐步发展不同数据源之间的模式映射。给定一个查询，这样一个平台会从那些不存在完美模式映射的数据源中生成最好可能的近似答案。当它发现在某些数据源上存在大量复杂查询或数据挖掘的应用时，它会指导用户投入额外的经历更精确地集成这些数据源。

这一节将讲述数据空间系统的一些关键技术。2.2.1 节讲述如何通过构建概率中间模式和概率模式映射来提供最好可能近似查询。2.2.2 节讲述如何在按需集成方式中征求用户反馈来确认候选映射的对错。

2.2.1 概率模式对齐

为了在数据空间上提供最好可能的查询服务，系统必须处理各种级别的不确定性。第一，当数据源的数目非常大时，如何对领域建模就存在着不确定性；因而中间模式的创建中存在不确定性。第二，属性可能具有歧义，一些属性的含义有重叠并且这些含义会随时间发生变化，因而属性匹配中存在不确定性。第三，数据的规模和数据源模式的不断演化使得无法生成和维护精确的模式映射，因而模式映射中存在不确定性。

这些不确定性可以用两种方法解决。第一，可以创建一个概率中间模式来体现领域建模中的不确定性。概率中间模式中的每个可能的中间模式代表源属性的一种聚类方式，同一类中的属性被认为具有相同的语义 [Das Sarma et al. 2008]。

第二，每个数据源模式和概率中间模式的每个可能的中间模式之间可以建立一个概率模式映射。一个概率模式映射包含一组属性匹配，描述数据源属性和中间模式中的属性聚类之间的对应关系 [Dong et al. 2009c]。

本节中我们主要讨论每个数据源仅包含一个关系表的情况，从而模式映射可以简单地从属性匹配中推断出。下面我们详细描述每一部分，并在最后介绍这一新体系结构下的查询问答。

1. 概率中间模式

中间模式由一组模式词语（如关系表、属性名等）构成，用于在其上表达查询。它描述了领域中对集成应用重要的部分。考虑从一组数据源自动推断出一个中间模式的问题，其中每个数据源仅包含一个关系表。在这种情况下，中间模式可以被看成源属性的一个"聚类"，相似的属性被聚成一类，从而形成一个中间属性。注意在传统的中间模式中，每个属性都有一个名字，但在上面这样生成的中间模式中，属性名不是必需的。用户可以在查询中使用任一源属性，并且源属性都可以用它所属聚类所对应的中间属性来替换。实际中，当将中间模式呈现给用户时，可以用每个聚类中最频繁的源属性来代表此中间属性。

查询答案的质量关键依赖于聚类的质量。然而，由于被集成的数据源的异构性，通常源属性的语义继而导致聚类的语义都是不确定的，如下例所示。

例 2.1　下面两个源模式都是描述航班的。

S1(Flight Number (FN), Departure Gate Time (DGT), Takeoff Time (TT),
　　Landing Time (LT), Arrival Gate Time (AGT))
S2(Flight Number (FN), Departure Time (DT), Arrival Time (AT))

在 S2 中，属性 DT 可以是离开登机口时间，也可以是起飞时间。类似地，AT 可以是到达登机口时间，也可以是着陆时间。

现将 S1 和 S2 的属性进行聚类，可以有多种方式，它们分别对应不同的中间模式。下面给出一些例子：

Med1({FN}, {DT, DGT, TT}, {AT, AGT, LT})
Med2({FN}, {DT, DGT}, {TT}, {AT, LT}, {AGT})
Med3({FN}, {DT, DGT}, {TT}, {AT, AGT}, {LT})
Med4({FN}, {DT, TT}, {DGT}, {AT, LT}, {AGT})
Med5({FN}, {DT}, {DGT}, {TT}, {AT}, {AGT}, {LT})

上面列出的中间模式中没有一个是完美的。模式 Med1 将 S1 中的多个属性聚成一类。模式 Med2 看上去不一致，因为出发时间（Departure Time）和离开登机口时间（Departure Gate Time）聚成一类，而到达时间（Arrival Time）和着陆时间（Landing Time）聚成一类。模式 Med3、Med4 和 Med5 基本正确，但它们没有体现出发时间（Departure Time）和到达时间（Arrival Time）可以是离开和到达登机口的时间，也可以是起飞和降落的时间。

因此，即使存在完美的模式映射，上面所列的中间模式也没有一个会对所有用户查询返回理想的结果。例如，使用 Med1 无法正确回答查询条件既包含离开登机口时间（Departure Gate Time）又包含起飞时间（Takeoff Time）的查询，因为它们被视为同一个属性了。又如，如果一个查询包含出发时间（Departure Time）和到达时间（Arrival Time），使用 Med3 或 Med4 作为中间模式将不必要地倾向于起飞和着陆时间，或者倾向于离开和到达登机口的时间。而使用 Med2 作中间模式的系统将错误地返回具有给定离开登机口时间和着陆时间的结果。使用 Med5 作中间模式的系统或者会错过提供 DGT、TT、AGT 和 LT 的数据源中的一些信息，

或者会具有和使用 Med2～Med4 作为中间模式同样的问题。◀

作为一种解决方法，我们可以将那些非常可能为真的所有聚类创建一个概率中间模式，每种聚类被赋予一个概率值。例如，可以创建一个包含 Med3 和 Med4 的概率中间模式，分别被赋予概率值 0.6 和 0.4。

可能的中间模式	概率
Med3({FN}, {DT, DGT}, {TT}, {AT, AGT}, {LT})	0.6
Med4({FN}, {DT, TT}, {DGT}, {AT, LT}, {AGT})	0.4

概率中间模式被正式地定义如下。给定一组源模式 $\{S_1, \cdots, S_n\}$，模式 S_i（$i \in [1, n]$）中的所有属性记为 $A(S_i)$，所有源模式属性的集合记为 $\mathcal{A}$，即 $\mathcal{A} = A(S_1) \cup \cdots \cup A(S_n)$。一组数据源上的一个中间模式被记为 $\text{Med} = \{A_1, \cdots, A_m\}$，其中每个 A_i，$i \in [1, m]$，称作一个中间属性。每个中间属性是数据源属性的一个集合，即 $A_i \subseteq \mathcal{A}$；对任意 $i, j \in [1, m]$，$i \neq j$，有 $A_i \cap A_j = \varnothing$。如前所述，如果一个查询包含一个属性 $A \in A_i$，$i \in [1, m]$，则在回答该查询时所有出现的 A 都被替换为 A_i。

一个概率中间模式是一个中间模式的集合，其中每个中间模式有一个概率，用以说明该模式正确描述数据源的领域的可能性。

定义 2.1 [Das Sarma et al. 2008] 给定一组源模式 $\{S_1, \cdots, S_n\}$，$\{S_1, \cdots, S_n\}$ 上的一个**概率中间模式**（p-med-schema）是如下一个集合

$$\text{pMed} = \{(\text{Med}_1, \Pr(\text{Med}_1)), \ldots, (\text{Med}_l, \Pr(\text{Med}_l))\}$$

其中

- 对任意 $i \in [1, l]$，Med_i 是 $S_1, \cdots, S_n$ 的一个中间模式；对任意 $i, j \in [1, l]$，$i \neq j$，Med_i 和 Med_j 分别对应于 $\mathcal{A}$ 中源属性的两个不同聚类。

- $\Pr(\text{Med}_i) \in [0, 1]$，并且 $\sum_{i=1}^{l} \Pr(\text{Med}_i) = 1$。

[Das Sarma et al. 2008] 中提出了为数据源模式 $S_1, \cdots, S_n$ 创建一个概率中间模式的算法：首先创建 pMed 中的多个中间模式 $\text{Med}_1, \cdots, \text{Med}_l$，然后给每个中间模式赋一个概率值。

源模式中的两种信息可以为属性聚类提供证据：1）源属性间的两两相似度；2）源属性的统计共现特性。第一种信息指出两个属性什么时候可能相似，被用来创建多个中间模式。很多属性匹配的算法可供选择来计算属性间的两两相似度。两个源属性 a_i 和 a_j 之间的相似度 $s(a_i, a_j)$ 衡量这两个属性在表达同一个现实世界中的概念上有多接近。第二种信息指出两个属性什么时候可能不同，被用来给每个中间属性赋一个概率值。

对例 2.1 中的模式 S1 和 S2 而言，计算两两字符串的相似度和字典匹配会得到属性 DT 可能和 DGT 与 TT 都相似，因为它们的属性名相似并且取值相似。然而，由于第一个数据源模式同时包含 DGT 和 TT 属性，则这两个属性不可能指代相同的概念。因此，第一个模式显示 DGT 不同于 TT，所以不太可能将 DT、DGT 和 TT 都聚成一类。

更具体地，给定数据源模式 $S_1, \cdots, S_n$，创建概率中间模式 pMed 的过程可以分成三步。第一，计算属性间的相似度。将相似度大于阈值 $\tau + \varepsilon$ 的所有属性放到同一类里，相似度在 $[\tau - \varepsilon, \tau + \varepsilon]$ 区间内的属性对称作不确定对。第二，为不确定对集合的每个子集创建一个中间模式，把子集中的每对属性放在同一个类中。得到的中间模式的集合构成了概率中间模式的所有可能的中间模式。最后，如果数据源模式 $S_i (i \in [1, n])$ 中的任何两个属性都没有出现在中间模式 $\text{Med}_j (j \in [1, l])$ 的一个类（代表一个中间属性）中，则称 S_i 和 Med_j 一致。每个可能的中间模式的概率正比于与其一致的源模式的个数。

2. 概率模式映射

模式映射描述了数据源的内容和中间数据之间的关系。在许多应用中，不可能预先给出所有的模式映射。概率模式映射可以体现模式间映射的不确定性。我们再从一个说明性的示例出发，然后正式地定义概率模式映射，并在最后描述它们是如何被生成的。

例 2.2　继续例 2.1。考虑 S1 和中间模式 Med3 之间的映射。一个半自动的属性匹配工具可能生成 S1 和 Med3 之间 4 种可能的映射。由于只考虑单个关系表的模式，每种映射可以被表示为属性匹配的形式，如下所示，其中 DDGT={DT, DGT}，AAGT={ AT, AGT}。

S1和Med3之间的可能映射	概率
M_1 {(FN, FN), (DGT, DDGT), (TT, TT), (AGT, AAGT), (LT, LT)}	0.64
M_2 {(FN, FN), (DGT, DDGT), (TT, TT), (AGT, LT), (LT, AAGT)}	0.16
M_3 {(FN, FN), (DGT, TT), (TT, DDGT), (AGT, AAGT), (LT, LT)}	0.16
M_4 {(FN, FN), (DGT, TT), (TT, DDGT), (AGT, LT), (LT, AAGT)}	0.04

尽管 4 种映射都将 S1.FN 属性映射到 Med3.FN 属性，它们映射数据
源的其他属性到中间模式的不同属性上。例如，映射 M_1 将 S1.DGT 映射
到 Med3.DDGT，而 M_3 将 S1.DGT 映射到 Med3.TT。要体现映射是正确
的具有不确定性，不是随意地或按照领域专家的干预舍弃一些可能的映
射，而是为查询问答保留所有的映射并赋一个概率值表示每个映射为真
的可能性。

类似地，在 S1 和 Med4 之间存在着如下一个概率映射，其中 DTT={DT,
TT}，ALT={AT，LT}。

S1和Med4之间的可能映射	概率
M_5 {(FN, FN), (DGT, DGT), (TT, DTT), (AGT, AGT), (LT, ALT)}	0.64
M_6 {(FN, FN), (DGT, DGT), (TT, DTT), (AGT, ALT), (LT, AGT)}	0.16
M_7 {(FN, FN), (DGT, DTT), (TT, DGT), (AGT, AGT), (LT, ALT)}	0.16
M_8 {(FN, FN), (DGT, DTT), (TT, DGT), (AGT, ALT), (LT, AGT)}	0.04

在定义概率模式映射之前，让我们首先回顾一下非概率模式映射。
一个概率映射的目标是说明一个源模式 S 和一个目标模式 T（如中间模式）
之间的语义关系。本节中所考虑的模式映射是一种受限的形式：它只包
含 S 和 T 中属性之间一对一的匹配。

直观地，一个概率模式映射描述一个源模式和一个目标模式之间的
一组可能的模式映射的概率分布。

定义 2.2 [Dong et al. 2009c] 假设 S 和 T 是两个只包含一张关系表
的关系模式。在源模式 S 和目标模式 T 之间的一个**概率映射**，pM，是一
个集合，pM = {$(M_1, \Pr(M_1))$, …, $(M_l, \Pr(M_l))$}，其中

- 对任意 $i \in [1, l]$，M_i 是 S 和 T 之间的一个一对一的属性匹配，对

任意 $i, j \in [1, l]$，$i \neq j$，M_i 和 M_j 不同。

- $\Pr(M_i) \in (0,1]$，并且 $\sum_{i=1}^{l} \Pr(M_i) = 1$。

[Das Sarma et al. 2008]中提出一个创建概率的算法。首先，计算每一对源属性和目标属性之间的加权匹配。一些现有的属性匹配技术可以用来计算这些加权匹配。权重被归一化在[0, 1]区间内。第 i 个源属性和第 j 个目标属性之间的加权匹配记作 $m_{i,j} = ((i, j), w_{i,j})$，其中 $w_{i,j}$ 是匹配(i, j)的权重。

尽管加权匹配给出了每对属性的相似度，它们没有指出一个源属性应该被映射到哪个目标属性。例如，一个目标属性到达时间（Arrival Time）和源属性到达登机口时间（Arrival Gate Time）以及着陆时间（Landing Time）都相似，因而在一个模式映射中将到达时间映射为任何一个都是合理的。事实上，给定一组加权匹配，可能有多个与它一致的概率映射。

| 40 |

定义 2.3 （一致的概率映射）[Das Sarma et al. 2008] 一个概率映射 pM 与一对源属性和目标属性之间的一个加权匹配 $m_{i,j}$ **相一致**，如果 pM 中所有包含匹配(i, j)的映射 $M \in$ pM 的概率之和等于 $w_{i,j}$，即

$$w_{i,j} = \sum_{M \in pM, (i,j) \in M} \Pr(M)$$

我们说一个概率映射和一个加权匹配集合 **m** 是**一致的**，如果它和该集合中的每个加权匹配 $m \in \boldsymbol{m}$ 都一致。

给定一组加权匹配，可能有无数个与它一致的概率映射，如下例所示。

例 2.3 考虑一个源模式 $S(A, B)$ 和一个目标模式 $T(A', B')$。假设源属性和目标属性之间的加权匹配为 $w_{A,A'} = 0.6$，$w_{B,B'} = 0.5$（其他为 0）。与这组加权匹配一致的概率映射有无数个，下表中列出其中两个。

概率映射	可能的映射	概率
pM$_1$	M_1: $\{(A, A'), (B, B')\}$	0.3
	M_2: $\{(A, A')\}$	0.3
	M_3: $\{(B, B')\}$	0.2
	M_4: $\varnothing$	0.2
pM$_2$	M_1': $\{(A, A'), (B, B')\}$	0.5
	M_2': $\{(A, A')\}$	0.1
	M_3': $\varnothing$	0.4

从某种意义上说，pM_1 看上去要优于 pM_2，因为它假设 A 和 A' 之间的相似性与 B 和 B' 之间的相似性是相互独立的。 ◀

一般情况下，在与一组加权匹配 m 一致的多个概率映射中间，最优的是具有最大熵的那个概率映射，即其概率分布获得 $\sum_{i=1}^{l} -p_i \log p_i$ 的最大值。在例 2.3 中，pM_1 具有最大熵。

最大熵背后的直观含义是当从一组互斥事件上的多个可能分布中选择时，不倾向于任何一个事件的分布会被优先选择。因而，不引入未预知的新信息的分布会被优先选择。最大熵原理在其他领域也被广泛使用，如自然语言处理。

综上所述，一个概率映射可以分三步来创建。第一，生成每一对源模式 S 的属性和目标模式 T 的属性之间的加权匹配。第二，枚举 S 和 T 之间所有可能的包含一组匹配 m 的一对一的模式映射，记为 $M_1, \cdots, M_l$。第三，通过最大化结果概率映射的熵来给每个映射赋一个概率值，即求解下面有约束的优化问题：

最大化 $\sum_{k=1}^{l} -p_k * \log p_k$ 满足：

1）$\forall k \in [1, l], 0 \leqslant p_k \leqslant 1$

2）$\sum_{k=1}^{l} -p_k = 1$

3）$\forall i, j : \sum_{k \in [1,l](i,j) \in M_k} p_k = w_{i,j}$

3. 查询问答

在讨论如何通过概率中间模式和概率映射回答查询之前，我们首先需要定义概率映射的语义。直观地，一个概率模式映射体现了 pM 中哪个映射是正确的具有不确定性。当一个模式匹配系统生成了一组候选匹配时，有两种方式来解释不确定性：1）pM 中的单个映射是正确的，并且它适用于 S 中的所有数据，或者 2）有几个映射是部分正确的，每个只适用于 S 中所有元组的一个子集，尽管对一个具体的元组而言并不知道哪个映射是正确的。

查询问答被定义在两种解释之下。第一种解释称为概率模式映射的表（by-table）语义而第二种解释称为元组（by-tuple）语义。注意我们不能赞成一种解释而反对另一种；应用的实际需要会决定恰当的语义。下面的例子阐明了两种语义。

例 2.4　继续例 2.2，考虑 S1 的一个实例如下所示。

FN	DGT	TT	LT	AGT
49	18:45	18:53	20:45	20:50
53	15:30	15:40	20:40	20:50

记得用户可以使用数据源中的任何属性来构建查询。现在考虑查询 42 Q: SELECT AT FROM Med3（其中 Med3 如例 2.1 中给出），以及例 2.2 中给出的概率映射。在表语义下，每个可能的映射被应用于 S1 中的所有元组，会生成如下的答案。

表语义答案（AT）	概率				
	M_1	M_2	M_3	M_4	概率映射
20:50	0.64	—	0.16	—	0.64+0.16=0.8
20:45		0.16		0.04	0.16+0.04=0.2
20:40		0.16		0.04	0.16+0.04=0.2

相比之下，在元组语义下，不同可能的映射被应用于 S1 中不同的元组上，生成下面的答案（细节略去）。

元组语义答案（AT）	概率
20:50	0.96
20:45	0.2
20:40	0.2

相对于概率映射的查询问答的定义是相对于一般映射的查询问答的自然扩展，稍后做一回顾。一个映射定义了 S 的实例和 T 的与映射一致的实例之间的一种关系。

定义 2.4（一致目标实例）[Abiteboul and Duschka 1998]　假设 M 是源模式 S 和目标模式 T 之间的一个模式映射，D_S 是 S 的一个实例。

T 的一个实例 D_T 被认为与 D_S 和 M **相一致**，如果对于每个元组 $t_S \in D_S$，都存在一个元组 $t_T \in D_T$ 使得对于每个属性匹配 $(a_s, a_t) \in M$ 都有 t_S 中的属性 a_s 值和 t_T 中的属性 a_t 值相同。

给定一个关系映射 M 和一个源实例 D_S，可能存在无数个与 M 和 D_S 相一致的目标实例。所有这样的目标实例的集合被记作 $\overline{D_T}(D_S, M)$。一个查询 Q 的答案的集合是在集合 $\overline{D_T}(D_S, M)$ 中的所有实例上的答案的集合的交集。

定义 2.5（肯定答案）[Abiteboul and Duschka 1998]　假设 M 是源模式 S 和目标模式 T 之间的一个关系映射，D_S 是 S 的一个实例，Q 是 T 上的一个查询。

一个元组 t 称作 **Q 相对于 D_S 和 M 的一个肯定答案**，如果对每个实例 $D_T \in \overline{D_T}(D_S, M)$ 都有 $t \in Q(D_T)$。

这些概念可以被推广到概率映射中，从表语义开始。直观地，一个概率映射 pM 描述了一组可能世界，每个有一种可能的映射 $M \in$ pM。在表语义中，一张源关系表可能属于一个可能世界，即对应于该可能世界的可能映射应用于整张源关系表。顺着这一直观想法，与源实例相一致的目标实例被定义如下。

定义 2.6（表一致实例）[Dong et al. 2009c]　假设 pM 是源模式 S 和目标模式 T 之间的一个概率映射，D_S 是 S 的一个实例。

T 的一个实例 D_T 被认为与 D_S 和 pM **表一致**，如果存在一个映射 $M \in$ pM 使得 D_T 与 D_S 和 M 相一致。

在概率背景中，每个答案会被赋予一个概率。直观地，所有肯定答案相对于每个可能的映射单独被考虑。一个答案 t 的概率是使其成为一个肯定答案的所有映射的概率之和。表语义答案的定义如下。

定义 2.7（表语义答案）[Dong et al. 2009c]　假设 pM 是源模式 S 和目标模式 T 之间的一个概率映射，D_S 是 S 的一个实例，Q 是 T 上的一个查询。

假设 t 是一个元组，$\overline{m}(t)$ 是 pM 的一个子集，其中每个 $M \in \overline{m}(t)$ 满足对每个 $D_T \in \overline{D_T}(D_S, M)$ 都有 $t \in Q(D_T)$。

设 $p = \sum_{M \in \overline{m}(t)} \Pr(M)$，如果 $p > 0$，则 (t, p) 是 **Q 在 D_S 和 pM 上的一个表语义答案**。

在可能世界的概念中，按照元组语义，一张源关系表中的不同元组可能会属于不同的可能世界；即和这些可能世界关联的不同的可能映射会应用于不同的源元组。

正式地，元组语义和表语义的定义之间的关键区别在于一致目标实例是通过一个映射序列将 M 中（可能不同）的映射赋给 D_S 中每个源元组来定义的。（不失一般性，为了比较这些序列，实例中的元组被赋予一定的顺序。）

定义 2.8 （元组一致实例）[Dong et al. 2009c]　假设 pM 是源模式 S 和目标模式 T 之间的一个概率映射，D_S 是 S 的一个具有 d 个元组的实例。

T 的一个实例 D_T 被认为**与 D_S 和 pM 元组一致**，如果存在一个序列 $<M^1, \cdots, M^d>$ 使得 d 是 D_S 中元组的数目，并且对每一个 $1 \leqslant i \leqslant d$，

- $M^1 \in$ pM。

- 对 D_S 的第 i 个元组 t_i，存在一个目标元组 $t_i' \in D_T$ 使得对于每个属性匹配 $(a_s, a_t) \in M$ 都有 t_i 中的属性 a_s 值和 t_i' 中的属性 a_t 值相同。　44

给定一个映射序列 seq=$<M^1, \cdots, M^d>$，所有与 D_S 和 seq 一致的目标实例的集合记作 $\overline{D_T}(D_S, \text{seq})$。注意如果 D_T 与 D_S 和 M 表一致，那么 D_T 也和 D_S 以及每个映射都是 M 的映射序列元组一致。

一个映射序列 seq=$<M^1, \cdots, M^d>$ 可以被视为一个独立事件，其概率为 $\text{Pr}(\text{seq}) = \prod_{i=1}^{d} \text{Pr}(M^i)$。如果 pM 中有 l 个映射，则有 l^d 个长度为 d 的序列，且它们的概率之和为 1。从 pM 中生成的长度为 d 的映射序列的集合记为 $\text{seq}_d(\text{pM})$。

定义 2.9 （元组语义答案）[Dong et al. 2009c]　假设 pM 是源模式 S 和目标模式 T 之间的一个概率映射，D_S 是 S 的一个具有 d 个元组的实例，Q 是 T 上的一个查询。

假设 t 是一个元组，$\overline{\text{seq}}(t)$ 是 $\text{seq}_d(\text{pM})$ 的一个子集，其中每个 $\text{seq} \in \overline{\text{seq}}(t)$ 满足对每个 $D_T \in \overline{D_T}(D_S, \text{seq})$ 都有 $t \in Q(D_T)$。

设 $p = \sum_{\text{seq} \in \overline{\text{seq}}(t)} \text{Pr}(\text{seq})$，如果 $p > 0$，则 (t, p) 是 Q 在 D_S 和 pM 上的一个

元组语义答案。

Q 在 D_S 上的表语义答案的集合记为 $Q^{table}(D_S)$，元组语义答案的集合记为 $Q^{tuple}(D_S)$。

在表语义的情况下，回答查询相对简单。给定源模式 S 和目标模式 T 之间的一个概率映射 pM 和 T 上的一个 SPJ 查询 Q，计算出 Q 在每个映射 $M \in$ pM 下的肯定答案，并将概率值 Pr(M)赋给每个答案。如果一个元组是 Q 在 pM 中的多个映射下的答案，则将这些不同映射的概率加起来作为此元组的概率。

若将表语义下的查询问答策略扩展到元组语义，则需要计算从 pM 中生成的每个映射序列下的肯定答案。然而，映射序列的数目相对于输入数据的大小是指数级的。事实上，已经证明一般情况下，按照元组语义回答模式概率映射上的 SPJ 查询是困难问题。

定理 2.1 [Dong et al. 2009c] 假设 pM 是一个概率映射，Q 是一个 SPJ 查询。

- 按照表语义来回答 pM 上的查询 Q 的时间复杂度相对于数据和映射大小是 PTIME 的。

- 得到 Q 在 pM 上的一个元组答案的概率的时间复杂度相对于数据大小是#P-完全的，相对于映射大小是 PTIME 的。

证明 PTIME 时间复杂度是显然的。在元组语义下相对于数据大小是#P 难复杂度可以通过将求满足偶单调 2DNF 布尔公式的变量赋值的个数问题规约到找查询答案的问题来证明。 ◀

最后，考虑在一个概率中间模式和一组概率映射（每个对应一个可能的中间模式）上的查询问答的语义。直观地，要计算查询答案，必须首先在每个可能的中间模式上回答查询，然后每个答案元组的概率是它在所有中间模式上的概率按照各中间模式的概率加权求和。表语义下的正式定义如下；元组语义下的定义类似。

定义 2.10 （概率中间模式和概率映射上的查询答案）[Das Sarma et

al. 2008] 假设 S 是一个源模式，pMed={(Med$_1$, Pr(Med$_i$)), …, (Med$_l$, Pr(Med$_l$))}是一个概念中间模式，**pM**={pM(Med$_l$), …, pM(Med$_i$)}是一组概率映射，其中 pM(Med$_i$)是 S 和 Med$_i$ 之间的概率映射，D_S 是 S 的一个实例，Q 是一个查询。

假设 t 是一个元组，Pr(t|Med$_i$)，$i \in [1, l]$，是 t 作为 Q 在 Med$_i$ 和 pM(Med$_i$) 上的一个答案的概率。设 $p = \sum_{i=1}^{l} \text{Pr}(t|\text{Med}_i)\text{Pr}(\text{Med}_i)$，如果 $p > 0$，则 (t, p) 是 Q 在 pMed 和 **pM** 上的一个表语义答案。

所有答案的集合记为 $Q_{M,pM}(D_S)$。

例 2.5　考虑例 2.4 中的 S1 实例和查询 Q：SELECT AT FROM **M**。在表语义下，查询在例 2.1 中的 pMed 和例 2.2 中的 **pM** 上的答案如下所示。

表语义答案（AT）	Med3	Med4	最终概率
20:50	0.8	0.2	0.8*0.6+0.2*0.4=0.56
20:45	0.2	0.8	0.2*0.6+0.8*0.4=0.44
20:40	0.2	0.8	0.2*0.6+0.8*0.4=0.44

这样的答案有两个优势：1）离开和到达登机口时间产生的答案与起飞和降落时间产生的答案被平等对待，2）出发和到达时间正确对应的答案被优先选择。◀

4. 主要结果

[Das Sarma et al. 2008] 在 5 个领域内爬取的 Web 表格上测试了所提出的技术，其中每个领域包含 50～800 张 Web 表格（即数据源）。主要结果如下。

1）和一个人工说明模式映射的集成系统相比较，所提出的方法在每个领域的查询问答任务上都获得了大于 0.9 的 F 值。

2）所提出的方法在关键词搜索任务中显著地提升了 PR 曲线（相同查全率下，查准率常常提高了一倍），显示用概率的方式利用结构信息所带来的好处。

3）使用一个概率中间模式比使用一个确定的中间模式得到更好的实验结果。

4）系统设置时间随数据源的数目呈线性增长，对一个包含 817 个数据源的领域大概花费了 3.5 分钟。

2.2.2　按需集成用户反馈

一个数据空间系统起始时通过概率模式对齐提供最好可能的服务。当更多的查询到来时，它会发现一些可能的候选匹配，如果是精确映射会获益很大，因而让用户或领域专家人工地确认这些映射。但可能会有太多的候选匹配需要用户反馈，为所有候选匹配进行反馈代价太大而且通常是不必要的。因而关键问题是找到确认候选匹配的最佳顺序。

[Jeffery et al. 2008]提出使用一种决策理论方法来解决这个问题。这里用到的决策理论中的关键概念是完美信息价值（Value of Perfect Information, VPI）[Russell and Norvig 2010]，它用来量化确定一些未知变量的真值可能带来的潜在收益。我们下面详细讨论如何应用 VPI 概念来确定候选匹配反馈的顺序。

1.　确认匹配的收益

假设 Ω 是一个数据空间，包含一组数据源以及一些属性对、实体对和值对之间的已知匹配 Λ 是一组没被包含在 Ω 中的候选匹配。数据空间 Ω 相对于 Λ 的有用性记为 $U(\Omega, \Lambda)$。有用性是从查询日志记录的一组查询 Q 上聚集得到的。每个查询 Q_i 有一个权值 w_i，由查询的频率或重要性决定。对每个查询 Q_i，它在 Ω 和 Λ 上的结果质量被记为 $r(Q, \Omega, \Lambda)$。则 Ω 相对于 Λ 的有用性的计算如下：

$$U(\Omega, \Lambda) = \sum_{(Q_i, w_i) \in Q} w_i \cdot r(Q_i, \Omega, \Lambda) \qquad （2.1）$$

假设查询都不包含否定条件并且只有被确认的匹配才会被用来回答查询，则知道更多映射会改善答案的覆盖率。因而，$r(Q, \Omega, \Lambda)$ 表示在现有数据空间 Ω 上得到的答案覆盖范围与在根据用户在 Λ 上的反馈扩展后的数据空间上得到的答案覆盖范围的比值，其中根据用户反馈扩展后的数据空间记为 $\Omega \cup \Lambda^p$（$\Lambda^p \subseteq \Lambda$ 是用户反馈确认的正确匹配）。

$$r(Q,\Omega,\Lambda)=\frac{|Q(\Omega)|}{|Q(\Omega\cup\Lambda^p)|} \qquad (2.2)$$

现在考虑确认一个候选匹配 $\lambda\in\Lambda$ 的收益。用户反馈会造成两种可能的结果：λ 或者被确认为真或者被判断为假。两种情况下导致的数据空间分别记为 Ω_λ^+ 和 Ω_λ^-。假设匹配为真的概率为 p；此概率是根据自动匹配结果的置信度计算的。确认 λ 的收益可以用以下等式计算：

$$\text{Benefit}(\lambda)=U\left(\Omega_\lambda^+,\Lambda\setminus\{\lambda\}\right)\cdot p+U\left(\Omega_\lambda^-,\Lambda\setminus\{\lambda\}\right)\cdot(1-p)-U(\Omega,\Lambda) \qquad (2.3)$$

2. 近似计算收益

计算确认一个匹配 λ 的收益需要估计查询覆盖范围，即需要了解在用户反馈 Λ 之后的数据空间，而它是未知的。我们可以通过假设 Λ 仅包含一个映射 λ 来近似计算有用性。则等式（2.2）可以被重写为：

$$\begin{aligned}
r(Q,\Omega,\Lambda)&=\frac{|Q(\Omega)|}{|Q(\Omega\cup\{\lambda\})|}\cdot p+\frac{|Q(\Omega)|}{|Q(\Omega)|}\cdot(1-p)\\
&=\frac{|Q(\Omega)|}{|Q(\Omega\cup\{\lambda\})|}\cdot p+(1-p)
\end{aligned} \qquad (2.4)$$

另一方面，由于 $\Lambda=\{\lambda\}$，则有

$$U\left(\Omega_\lambda^+,\Lambda\setminus\{\lambda\}\right)=U\left(\Omega_\lambda^-,\Lambda\setminus\{\lambda\}\right)=\sum_{(Q_i,w_i)\in Q}w_i\cdot 1=1 \qquad (2.5)$$

将它们放在一起，收益可以被重写为：

$$\begin{aligned}
\text{Benefit}(\lambda)&=\sum_{(Q_i,w_i)\in Q}w_i\left(p+(1-p)-(\frac{|Q(\Omega)|}{|Q(\Omega\cup\{\lambda\})|}\cdot p+(1-p))\right)\\
&=\sum_{(Q_i,w_i)\in Q}w_i\cdot p\left(1-\frac{|Q(\Omega)|}{|Q(\Omega\cup\{\lambda\})|}\right)
\end{aligned} \qquad (2.6)$$

最后，由于假设 $\Lambda=\{\lambda\}$，所以只需考虑那些包含 λ 中一个元素的查询，因为其他查询不会被影响。我们将这些查询记为 $\boldsymbol{Q}_\lambda$，则

$$\text{Benefit}(\lambda)=\sum_{(Q_i,w_i)\in Q_\lambda}w_i\cdot p\left(1-\frac{|Q(\Omega)|}{|Q(\Omega\cup\{\lambda\})|}\right) \qquad (2.7)$$

按照收益来对匹配进行排序，则可以首先在高收益的匹配上获得用户反馈。

例 2.6 考虑例 2.4 中 S1 的一个实例，记为 $D(S1)$，和例 2.1 中的 Med3。一个候选属性匹配 $\lambda=$（AGT, AAGT）有 0.8 的概率为真。假设只观察到两个查询与 λ 有关。查询 Q_1：SELECT AT FROM Med3，权重为 0.9；查询 Q_2：SELECT AGT FROM Med3，权重为 0.5。

对 Q_1 来说，没有匹配 λ 则不会从 $D(S1)$ 得到任何答案；即 $|Q_1(\Omega)|=0$。一旦 λ 已知，则可以得到所有的答案，即 $|Q_1(\Omega \cup \{\lambda\})|=1$。然而对 Q_2 来说，即使没有匹配 λ，依然可以从 $D(S1)$ 中得到所有的答案；即 $|Q_2(\Omega)|=|Q_2(\Omega \cup \{\lambda\})|=1$。带入等式（2.7），得到 λ 的收益为

$$\text{Benefit}(m)=0.9\times0.8\times\left(1-\frac{0}{1}\right)+0.5\times0.8\times\left(1-\frac{1}{1}\right)=0.72 \quad \blacktriangleleft$$

3. 主要结果

[Jeffery et al. 2008]用从 Google Base（http://base.google.com）导出的一个数据集对所提出的算法进行了实验，得到两个主要结果。

1）所提出的方法是有效的：在确认了前 10%的候选匹配之后，它将覆盖范围改进了 17.2%，在确认了前 20%的候选匹配之后，它已经能得到 95%在全部候选匹配上做反馈可以得到的潜在收益。

2）提出的近似算法显著优于一些最基本的方法，即求权重之和、计算被影响的元组的数目，或者随机排序。它的表现接近于假设已知整个查询负载的运行结果的算法表现。

2.3 应对多样性和海量性的挑战

整个 Web 提供了海量的结构化数据；要完全实现这些数据的潜力需要无缝集成。然而数据量是 Web 级的，不同领域的界限比较模糊而且单个领域内的多样性很大，并且每时每刻都有新的 Web 数据源产生也有已存在的数据源消失。所有这些都对模式对齐提出了巨大的挑战。

这一节描述集成 Web 上两种不同类型的结构化数据的当前进展。2.3.1 节中描述集成深网数据的技术，2.3.2 节描述集成 Web 上表格数据的

技术。我们描述自现有提出的方法如何应对大数据中的海量性和多样性
的挑战。

2.3.1 集成深网数据

深网数据指那些存储在底层数据库中并通过 HTML 表单来查询的数
据。例如，图 2-4 展示了 Orbitz.com 上搜索航班的网上表单。[Cafarella et
al. 2011]估计深网数据可以生成超过 10 亿个 Web 页面。

图 2-4　Orbitz.com 网站上搜索航班的 Web 表格示例（2014 年 4 月 1 日）

访问深网数据有两种常用方法。第一种方法是用数据集成法构建垂
直搜索引擎。[Chuang and Chang 2008]提出为 Web 表单建立整体的模式
匹配。前提是有一个底层的领域模式，每个数据源中的数据都是通过投
影在一个属性子集上并选择一个元组子集得到的。其结果是，发现模式
匹配可以通过构建一个完全的领域模式来达到。该领域模式最好地描述
了所有输入数据，并且它的每个属性本质上是一组来自不同数据源具有
相同语义的属性。这一方法和第 2.2 节中描述的构建概率中间模式的方法
相类似，因而我们这里略去其细节。

第二种方法是浅层化数据。[Madhavan et al. 2008]提出为所有有意义的 HTML 表单预先计算出相关的表单提交数据。这些表单提交产生的 URL 像其他 HTML 网页一样被离线爬取和索引。此方法可以在 Web 搜索中无缝地包含深网中的数据：当一个用户从搜索结果的摘要中判断出某些深网内容是相关的时候，她会点击该结果并被转到其底层的网站从而获得最新的内容。我们接下来详细描述此技术。

在表层化深网中有两个需要解决的关键问题。第一，需要确定当提交表单查询时需要填写表单中的哪些输入项。第二，需要找到填写这些输入项的恰当值。HTML 表单一般具有多个输入项，因而简单地枚举所有输入值的笛卡儿积会生成巨大数量的 URL。爬取太多的 URL 会占有一个 Web 爬取器太多资源并给存放这些 HTML 表单的 Web 服务器造成过重的负担。另一方面，笛卡儿积产生的很大一部分结果页面都为空，因而从索引的角度来说是无用的。例如，[Madhavan et al. 2008]中显示 cars.com 的某个搜索表单有 5 个输入项，则笛卡儿积会生成超过 2.4 亿个 URL，但是售卖的总共只有 65 万辆车。

假设一个 Web 表单背后的数据内容是仅包含一个具有 m 个属性的关系表的数据库 D，用于查询 D 的 Web 表单 F_D 具有 n 个输入项: $X_1, \cdots, X_n$。一个表单提交会从每个输入项中取得值，然后返回 D 中记录的一个子集。查询模板指定 F_D 中输入项的一个子集为绑定输入项，其他输入项为自由输入项。给绑定输入项赋以不同的值就可以生成多个表单提交。在示例的 Web 表单中，可以将 From、To、Leave 和 Return 作为绑定输入，而为剩余的自由输入项设置缺省值。

现在，浅层化一个深网的问题可以被分解为两个子问题。

1）选取一组适合的查询模板。

2）为绑定输入项选取适合的输入值；即用实际的值实例化查询模板。对一个选择菜单输入项，使用菜单中所有的值；对一个文本输入项，则需要在没有领域值的先验知识的前提下预测可能的值。

1. 选取查询模板

当选取模板时，应该选取不包含任何用于展示的输入项作为绑定输入项的模板，因为这些模板和相应的去掉展示性输入项的模板返回相同的结果。另外，应该使用正确的维数（即绑定变量的数目）；太多维会增加爬取流量并可能产生许多为空的结果，然而太少维可能会返回太多记录甚至超过网站允许每个查询可以检索的限制。

评价一个查询模板是基于此模板生成的表单提交返回的 Web 页面的相异性。如果不同网页的数目相比于表单提交的数目较少，则很可能模板包含了一个展示型输入项，或者模板维数太大了使得许多答案页面没有记录。如果一个模板所生成的网页足够不同，则被认为是有信息含量的。具体地，为答案网页的内容计算一个签名（signature），如果不同签名的个数与表单提交的个数的比值低于一个阈值 τ，则该模板被认为无信息含量的。签名生成的细节不重要，但应该与 HTML 的格式、记录的顺序无关，甚至能容忍页面内容上一些微小的不同（例如，广告等）。

定义 2.11 （有信息含量的查询模板）[Madhavan et al. 2008] 假设 T 是一个查询模板，Sig 是一个为 HTML 页面计算签名的函数，G 是 T 生成的所有可能的表单提交产生的所有结果页面，$S=\{\mathrm{Sig}(p)|p\in G\}$。

如果 $|S|/|G|\geq\tau$，则模板 T 是**有信息含量的**。比率 $|S|/|G|$ 被称为**相异率**。

算法 ISIT 给出如何找到有信息含量的模板。从一维的候选模板出发：对于绑定输入项从选择菜单或者文本输入项的可能值中选取值；对于自由输入项，用其缺省值（第 2 行）。检查每个候选模板是否具有信息含量（第 6 行）。有信息含量的候选模板会被记录下来以待返回（第 7 行），并被扩展一维（第 8 行）。如果一个给定维上没有有信息含量的模板则算法终止（第 4 行）。

【算法 2.1】 ISIT：增量搜索有信息含量的查询模板[madhavan et al.2008]

Input: web form F.
Output: set **T** of informative templates.

1   **I** = GETCANDIDATEINPUTS(F)
2   **Q** = $\{T \mid T.\text{binding} = \{I\}, I \in \mathbf{I}\}$
3   **T** = ∅
4   **while Q** ≠ ∅ **do**
5   T = POP(**Q**)
6   **if** CHECKINFORMATIVE(T, F) **then**
7   **T** = **T** ∪ $\{T\}$
8   **Q** = **Q** ∪ $\{T' \mid T'.\text{binding} = T.\text{binding} \cup \{I\}, I \notin T.\text{binding}\}$
9   **endif**
10   **endwhile**   ≪≪≪≪≪≪≪≪

注意，有可能不存在有信息含量的一维查询模板，但是存在有信息含量的二维模板。在我们给的例子中，只有同时给出 From 和 To 的值，Web 查询表单才会返回有意义的结果；换句话说，任何一维模板都有|S|=0。一种实际的解决方法是，如果没有有信息含量的一维模板，则检查二维模板。

2. 产生输入值

大部分 HTML 表单有文本输入项。另外，一些具有选择菜单的表单要求它们的文本输入项填入有效的值才可能返回结果。考虑一般的文本输入项，填入其中的关键词被用来查找底层文本数据库中包含该关键词的所有文档。可以采用一种迭代探测的方法来判定一个文本输入框的候选关键词。

整体上，算法分三步进行。

1）先为此文本输入框找出一组单词作为值的种子集合，并构建将此文本输入框作为唯一绑定输入项的查询模板。要覆盖所有可能的语言，可以从表单所在页面上选取种子单词。

2）从结果文档中生成相应的表单提交并抽取更多的关键词。抽取出的关键词被用来更新文本输入框的候选值。

3）重复第 2）步直到不能抽取更多的关键词，或者达到另外一个终止条件（如达到最大迭代次数或者最大抽取关键词数）。终止时，候选关键词的一个子集被选作此文本输入框的值集。

在图 2-4 的例子中，Orbitz.com 的入口网页上有诸如 Las Vegas 等城市名，它们可以被用来作为 From 和 To 的输入。算法从结果网页中会迭代抽取出更多的城市名，如一些中转城市。

3. 主要结果

[Madhavan et al. 2008]在采样的 500 000 个 HTML 页面上实验了提出的算法，其主要结果如下。

1）算法 ISIT 有效地生成了模板。当输入项增加时，可能的模板数呈指数级增长；然而 ISIT 检查的模板数只呈线性增长，同样被发现有信息含量的模板数也呈线性增长。

2）检查是否具有信息含量可以将每个表单生成的 URL 的数目降低一个数量级。

3）所提出的生成输入值的方法可以很好地覆盖底层数据库。53

4）为文本框生成值比只用选择菜单的值可以获得更多的记录，显示文本框在值生成中的重要性。

2.3.2　集成 Web 表格

Web 表格指 Web 上以表格形式展现的关系数据。例如，图 2-5 显示了一张关于世界上主要航空公司的 Web 表格。[Cafarella et al. 2008a]估计在排除掉那些用于页面显示或其他非关系用途的表格之外，在 Google 主索引中的英语文档中存在 1.54 亿张不同的 Web 表格（1.2.5 节）。54

Web 表格不同于深网数据：它们不需要填写任何表单就可以被爬取；通常每个 Web 表格较小。两种数据有交集，但任何一个都不包含另外一个。Web 表格也不同于关系数据库。Web 表格没有清晰定义的模式。语义通常被包含在列标题中，但有时是缺失的。另外，并不是每行都对应关系数据库中的一个元组；在图 2-5 的例子中，有两行是指出它们下面行中的航空公司所属于的地区。

The World's biggest Airlines					
▲ Airline	▲ Passengers (in million) 2009	▲ Passengers (in million) 2010	Main Hub IATA code	Headquarter/ City	Country
Africa/Middle East					
Emirates Airline	27,454	31,422	Dubai International Airport	Dubai	United Arab Emirates
Qatar Airways	10,212	12,392	Doha International Airport	Doha	Qatar
Saudi Arabian Airlines	18,334	18,172	Jeddah-King Abdulaziz International	Jeddah	Saudi Arabia
Asia/Pacific					
AirAsia	14,253	16,055	Kuala Lumpur International Airport	Kuala Lumpur	Malaysia
Air China	39,841	46,241	Beijing Capital International Airport	Beijing	China
Air New Zealand Group	12,368	12,324	Auckland Airport	Auckland	New Zealand
ANA - All Nippon Airways	44,562	45,743	Narita International Airport (IATA code: NRT)	Tokyo	Japan
Asiana Airlines	12,372	13,944	Incheon International Airport	Seoul	South Korea
Cathay Pacific	24,558	26,796	Hong Kong International Airport	Hong Kong	China

图 2-5　关于一些世界主要航空公司的 Web 表格示例（2014 年 4 月 1 日）

有关 Web 表格数据已经有三个方面的研究问题。第一个是 Web 表格上的关键词检索，其目标是为一个关键词查询返回高度相关的表格[Cafarella et al. 2008a, Pimplikar and Sarawagi 2012]。第二个是找到相关表格，其目标是为用户编辑的表格返回相似或互补的数据，以提供参考[Das Sarma et al. 2012]。第三个是从 Web 表格中抽取知识，其目标是抽取（实体，属性，值）这样的三元组来填充知识库[Limaye et al. 2010, Suchanek et al. 2011, Venetis et al. 2011, Zhang and Chakrabarti 2013]。我们接下来描述每个研究问题所提出的技术。

注意类似的问题已经在 Web 列表上研究过[Elmeleegy et al. 2011, Gupta and Sarawagi 2009]，我们在本书中就不细述了。

1. Web 表格上的关键词检索

Web 表格上的关键词检索的目标是接受用户的关键词查询然后按照

相关度对 Web 表格进行排序。[Cafarella et al. 2008a]提出一个线性回归模型，[Pimplikar and Sarawagi 2012]提出一个图模型来解决此问题。这里我们描述 WebTables 搜索引擎提出的技术[Cafarella et al. 2008a]。

对 Web 表格进行排序提出了一系列特殊的挑战：包含一个 Web 表格的网页中的高频词和此 Web 表格描述的内容无关；Web 表格中的属性标签对理解此表格非常重要但并不频繁出现；一个一般意义上高质量的网页包含的 Web 表格的质量却千差万别。因而，简单地按照和关键词的匹配程度来对 Web 表格排序的策略并不十分有效。为了应对这些挑战，[Cafarella et al. 2008a]提出了不依赖于现有搜索引擎的两种排序函数。

FeatureRank　考虑表 2-1 中列出的一组和具体关系相关的特征。它用一个线性回归估计器来将这些不同的特征值结合在一起。训练估计器的数据集包含 1000 多个(q, relation)对，每对用两个人给出[1,5]范围内的一个相关度判定。获得最大权重的两个特征是每张表头的命中次数和每张表最左列的命中次数。前者刚好符合属性标签是一张表主题内容的指示器这样的直观认识。后者指出最左列的值常常是一个"语义键值"，为表中这一行的内容提供了一个有用的总结。

55

表2-1　搜索排序中使用的一些基于文本的特征，最重要的特征用斜体显示
[Cafarella et al.2008a]

表的行数
表的列数
是否有表头？
表中空值的个数
源网页的文档排序位次
表头中命中词的个数
最左列中命中词的个数
左边第二列中命中词的个数
表体中命中词的个数

SchemaRank　除了另外包含了一个指示模式一致性的特征值之外，与 FeatureRank 相同。直观地，一个一致的模式就是所有属性都彼此紧密相关。例如，包含属性 gate 和 terminal 的模式是一致的，但包含 gate

和 address 的模式一致性就低很多。

一致性用点对互信息（Pointwise Mutual Information, PMI）来度量。PMI 经常被用在计算语言学和 Web 文本搜索中来量化两个项之间的相关度[Turney 2001]。模式的 PMI 可以用模式中每对属性的 PMI 的平均值来计算。每对属性的 PMI 从每个属性的频率和两个属性的共现频率中计算出。正式地，假设 $A1$ 和 $A2$ 是两个属性。包含 Ai 的不同模式的比率记为 $p(A_i)$，包含 A_1 和 A_2 的不同模式的比率记为 $p(A_1, A_2)$。具有属性集 $\overline{A}$ 的模式 S 的 PMI 的计算如下：

$$\text{PMI}(S)= \text{Avg}_{A_1,A_2 \in \overline{A}, A_1 \neq A_2} \log \frac{p(A_1, A_2)}{p(A_1) \cdot p(A_2)} \qquad (2.8)$$

例 2.7 考虑具有下面模式的 4 张 Web 表格。

T1(FI, SDT, SAT)

T2(FI, SDT, SAT, ADT, AAT)

T3(FI, FC, F)

T4(AC, AN, ACI, ACO)

56

对于属性 SDT 和 SAT，PMI 的计算如下。根据给出的模式，$p(\text{SDT})=0.5$，$p(\text{SAT})=0.5$，$p(\text{SDT, SAT})=0.5$；于是，$\text{PMI}(\text{SDT, SAT})=\log \frac{0.5}{0.5 \times 0.5} = 1$。

另一方面，对于属性 FI 和 SDT，$p(\text{FI})=0.75$，$p(\text{SDT})=0.5$，$p(\text{FI, SDT})=0.5$；于是，$\text{PMI}(\text{FI, SDT})=\log \frac{0.5}{0.5 \times 0.75} = 0.42$。直观地，SDT 比 SAT 与 FI 更一致。

最后，T1 的模式一致性是 $\text{Avg}\{1, 0.42, 0.42\}=0.61$。 ◄

主要结果 [Cafarella et al. 2008a]显示 FeatureRank 很大地提高了使用 Web 搜索排序方法的结果，而且 SchemaRank 比 FeatureRank 获得更好的结果。

2. 发现相关 Web 表格

[Das Sarma et al. 2012]描述了一个从文本集中发现和一个给定表格相

关的表格的框架。此问题的挑战性源于以下两点。第一，Web 表格模式都是部分的而且非常异构。某些情况下，模式中用于判断相关性的一些关键方面包含在表格周围的文本中或者在表格附加的文本描述中。第二，需要考虑数据间各种不同的相关方式和相关度。下例说明了第二种挑战。

例 2.8 考虑图 2-6 中的两张 CapitalCity 表格。其中一张列出了亚洲的主要城市，另一张列出了非洲的城市。它们是相关的：它们的模式相同，并且提供互补的实体集。它们的并集会构成一张有意义的表。

Capital Cities and States of Asia

Capital City	Satellite View/Map	Citizens	Country
Abu Dhabi (Abu Zabi, Abu Zaby (ae))	Abu Dhabi Map	260,000	United Arab Emirates
Amman	Amman Map	965,000	Jordan
Ankara (Angora)	Ankara Map	2,900,000	Turkey
Ashgabat (Ashkhabad, Asgabat (tk), Ashabad (rus))	Ashgabat Map	410,000	Turkmenistan
Astana	Astana Map	1,176,000	Kazakhstan
Baghdad	Baghdad Map	3,900,000	Iraq
Baku	Baku Map	1,150,000	Azerbaijan
Bandar Seri Begawan	Bandar Seri Begawan Map	55,000	Brunei
Bangkok (Krung Thep)	Bangkok Map	5,900,000	Thailand
Beijing (Peking)	Beijing Map	7,400,000	China
Beirut (Bayrut, Beiroût (lb)	Beirut Map	480,000	Lebanon
Bishkek (Biskek)	Bishkek Map	590,000	Kyrgyzstan
Colombo Kotte (administrative)	Colombo Map	620,000	Sri Lanka
Damascus (Dimashq)	Damascus Map	1,600,000	Syria
Dhaka	Dhaka Map	3,400,000	Bangladesh
Dili	Dili Map	50,000	Timor_Leste
Doha (Ad Dawhah, Al-Dawhah)	Doha Map	220,000	Qatar

a）

Capital cities and states of Africa

Capital City	Searchable map and satellite view	Citizens	Country
Abuja	Abuja Map	300,000	Nigeria
Accra	Accra Map	600,000	Ghana
Addis Ababa (Addis Abeba)	Addis Ababa Map	2,400,000	Ethiopia
Algiers (Alger, El Djazâir, Al Jaza'ir)	Algiers Map	1,600,000	Algeria
Antananarivo	Antananarivo Map	370,000	Madagascar
Asmara (Asmera)	Asmara Map	360,000	Eritrea
Bamako	Bamako Map	700,000	Mali
Bangui	Bangui Map	480,000	Central Africa
Banjul	Banjul Map	52,000	Gambia
Bissau	Bissau Map	120,000	Guinea-Bissau
Brazzaville	Brazzaville Map	620,000	Congo (Brazzaville)
Bujumbura	Bujumbura Map	240,000	Burundi

b）

图 2-6　nationalsonline.org 上两张描述亚洲和非洲主要城市的 Web 表格（CapitalCity）（2014 年 4 月 1 日）

另一方面，考虑这两张表和图 2-5 中的 Airlines 表。Airlines 表描述了航空公司及其总部所属城市。其中一些城市是首都，例如 Duba，其人口信息在 CapitalCity 表格中提供。这些表的交集将产生一张有意义的新表。◀

一般地，如果两张表可以被看成是同一张初始表（可能是假设的）的查询结果，则这两张表被认为彼此相关。尤其考虑两种最常见的相关类型：实体互补和模式互补。它们分别是在同一张底层虚表上执行不同的选择或投影操作而得。从某种意义上看，发现相关表可以被视为分布式数据库的垂直/水平划分的逆工程。他们被正式地定义如下。

定义 2.12 [Das Sarma et al. 2012] 假设 T_1 和 T_2 是两张表。它们是**实体互补**的，如果存在一个一致的虚表 T，使得 $Q_1(T)=T_1$，$Q_2(T)=T_2$，其中

1）Q_i 的形式为 $Q_i(T)=\sigma_{P_i(X)}(T)$，其中 X 包含 T 中的一组属性并且 P_i 是 X 上的一个选择条件；

2）$T_1 \cup T_2$ 覆盖 T 中的所有实体并且 $T_1 \neq T_2$；

3）可选地，每个 Q_i 可以对一组属性重新命名或做投影，而且每组属性都包含键属性 X。

定义 2.13 [Das Sarma et al. 2012] 假设 T_1 和 T_2 是两张表。它们是**模式互补**的，如果存在一个一致的虚表 T，使得 $Q_1(T)=T_1$，$Q_2(T)=T_2$，其中

1）Q_i 的形式为 $Q_i(T)=\Pi_{A_i}(T)$，其中 A_i 是要投影的一组属性（可能重命名）；

2）$A_1 \cup A_2$ 覆盖 T 中的所有属性，$A_1 \cap A_2$ 覆盖 T 中的键属性并且 $A_1 \neq A_2$；

3）可选地，每个 Q_i 可以在键属性 X 上应用一个固定的选择谓词 P。

发现相关表格的问题可以被正式地定义如下。

定义 2.14 （发现相关表格）[Das Sarma et al. 2012] 假设 $\mathcal{T}$ 是一个表格的集合，T 是一个查询表格，k 是一个常数。发现相关表格的问题是

选出和 T 实体互补（模式互补）相关度得分最高的 k 张表格 $T_1, \cdots, T_k \in \mathcal{T}$。

在发现相关表格中有几个要考虑的准则。对于实体互补表格，有三个准则。

实体一致性 一个相关表格 T' 应该和 T 具有相同类型的实体，正如定义 2.12 中要求的虚表 T 的一致性与 Q_1 和 Q_2 的近似性。例如，图 2-6 的两张表中的实体都是世界上的首都。[Das Sarma et al. 2012]使用参照资源如 Freebase [Bollacker et al. 2008]来确定实体类型用于类型比较。

实体扩展 T' 应该实质地在 T 中加入新实体，如定义 2.12 中的第二点要求。例如，图 2-6 的两张表中的实体是来自不同洲的首都。[Das Sarma et al. 2012]用集合比较来衡量此性质。

模式一致性 两张表格应该有相似的（如果不是相同的）模式，因而描述实体类似的性质，如定义 2.12 中的第三点要求。[Das Sarma et al. 2012]应用最新的模式匹配技术来得到一个模式一致性的得分。

对于模式互补，有两个准则。

实体集的覆盖度 T' 中应该包含 T 中的大部分实体，如果不是所有实体的话。这是定义 2.13 中的第三点要求的。[Das Sarma et al. 2012]中首先进行实体映射（或者将两张表中的实体都映射到一个参照数据源，如 Freebase），然后计算 T' 中对 T 中实体的覆盖度。

新增属性的收益 T' 应该包含 T 的模式中没有的新增属性。这是定义 2.13 中的第二点要求的。[Das Sarma et al. 2012]通过结合 T' 新增属性的一致性和数量来量化其收益，其中前者可以用类似第 2.3.2 节中介绍的 PMI 指标来计算。

主要结果 [Das Sarma et al. 2012]在 Wikipedia 的表格上做实验。实验结果显示他们提出的选择准则的有效性，并且相关表格的数量大概符合一个幂率分布。

3. 从 Web 表格中抽取知识

Web 表格通常包含被认真编辑过的高质量的结构化数据。通常 Web

表格中的每行表示一个实体，每列表示实体的一个性质，并且每个单元格表示对应实体的对应性质的值。从 Web 上抽取这样的结构化信息是值得的，其结果可以被用来帮助检索或填充知识库。

作为知识抽取的第一步，已有许多工作描述如何标注 Web 表格上的实体、类型和关系[Limaye et al. 2010, Suchanek et al. 2011, Venetis et al. 2011, Zhang and Chakrabarti 2013]。这里我们描述[Limaye et al. 2010]中提出的基于图模型的解决方法。此方法假设一个如 Freebase 的外部目录，其目标是用下面的方法标注每张表。

- 为表格的每列标注一个或多个类型。如果一列不具有目录中的任何类型，此种情况也要被判断出来。

- 把每一列对标注成目录中的一个二元关系。如果两列没有参与目录中的任何二元关系，此种情况也要被判断出来。

- 用一个目录中的实体 ID 来标注每个单元格。

论文中提出用一组相互联系的随机变量建模表格标注问题，这些变量符合一定的联合分布，可以表示为如图 2-7 所示的概率图模型。标注任务因而转化为搜索能最大化联合概率的一组随机变量的赋值。我们下面详细描述图模型。

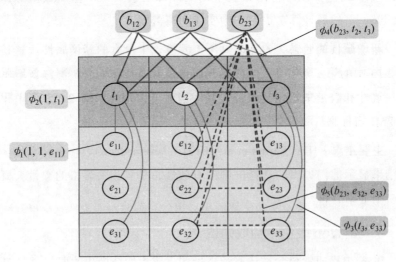

图 2-7　标注一个 3×3 Web 表格的图模型[Limaye et al. 2010]

变量。 有三类变量，如下所示。

t_c	列 c 的类型
$b_{cc'}$	列对 c 和 c' 之间的关系
e_{rc}	行 r 列 c 的单元格的实体标签

60

特征。 直观地，为变量 t_c、$b_{cc'}$ 和 e_{rc} 赋值需要考虑几个符号。在图模型中这些符号被表示为特征，然后模型被训练学习到结合这些符号的恰当权重。这些特征和权重被用来定义变量子集上的势函数，这些势函数的乘积就构成了所有变量上的联合分布。下表列出了 5 种类型的特征。

$\phi_1(r, c, e_{rc})$	单元格 (r, c) 的文本是否匹配实体 e_{rc}
$\phi_2(c, t_c)$	列 c 的头文本是否描述类型 t_c 的一种性质
$\phi_3(t_c, e_{rc})$	行 r 列 c 的实体 e_{rc} 是否具有列 c 的类型 t_c
$\phi_4(b_{cc'}, t_c, t_{c'})$	列 c 和列 c' 之间的关系 $b_{cc'}$ 是否与类型 t_c 和 $t_{c'}$ 相容
$\phi_5(b_{cc'}, e_{rc}, e_{rc'})$	两个单元格 (r, c) 和 (r, c') 之间的关系 $b_{cc'}$ 是否与两个实体 e_{rc} 和 $e_{rc'}$ 相容

主要结果 [Limaye et al. 2010]使用 YAGO 模式和实体[Suchanek et al. 2007]对 Web 表格标注进行了实验。其结果显示比起一些基线，如最低公共祖先和多数表决等，图模型得到的精度更高。

61

第 3 章

记录链接

大数据集成的第二个组成部分是记录链接。即使不同数据源的模式已经对齐，但是由于录入错误、多种命名约定等原因，对于同一实体的相同属性，不同数据源仍然可能提供不同的值。为了说明这一点，我们以第 1 章的航班为例，数据源 Airline2 中用数字（例如，记录 r_{32} 中的 53）表示航班号，而在数据源 Airfare4 中使用字母数字（例如 r_{64} 中的 A2-53）表示航班号。同样，数据源 Airline2 使用 3 个字母（如记录 r_{32} 中的 EWR 和 SFO）表示机场，但是 Airfare4.Flight 用字符串表示（例如，记录 r_{64} 中的 Newark Liberty 和 San Francisco）。这些表示上的差异使得很难链接记录 r_{32} 和 r_{64}，即使它们指向相同的实体。记录链接的目标是确定哪些记录指的是相同的实体，哪些指的是不同的实体。

传统记录链接的典型目标是将几十或数百个数据源中获得的数百万条记录进行链接，因此，采用蛮力方法比较每对记录不可行。在关注 BDI 对记录链接各方面影响之前，3.1 节快速回顾了传统记录链接，强调了分块、两两匹配和聚类在处理过程中的重要作用。

大数据环境使记录链接问题更具挑战性：现在可用于集成的数据源数量数以百万计，包含文本数据的非结构化数据源是一个庞大的数目。这些数据源中的数据动态变化，并有很多不同和错误。大数据的海量性、高速性、多样性和准确性挑战需要新的记录链接技术。

3.2 节讨论现存的两种应对海量性挑战的技术：一种是利用 MapReduce 进行高效的并行记录链接，另一种是分析分块的结果以减少执行两两匹配的数目。

3.3 节显示增量记录链接是有效处理高速性挑战的必备技术，并介绍最近的技术，这种技术允许在插入、删除和修改记录的情况下高效增量链接。

3.4 节描述一种解决 BDI 多样性挑战的记录链接方法，其中一个特例是非结构化文本片段与结构化数据的链接。

3.5 节提出解决准确性挑战的记录链接技术，分为两种情况：一种针对实体随时间演变的情况，要求记录链接感知时间；另一种针对错误数据和相同属性值有多种表示的情况，需要显示最有可能的结果。

3.1　传统记录链接：快速导览

我们首次在数据集成中正式定义了记录链接问题。设 ε 表示一个域中实体的集合，用属性集 $\mathcal{A}$ 的集合表示。每个实体 $E \in \varepsilon$ 的每个属性 $A \in \mathcal{A}$ 可以对应 0 个、1 个或更多的值。我们给定一组数据源 $\mathcal{S}$，对于 ε 中的每个实体，数据源 $S \in \mathcal{S}$ 在属性 $\mathcal{A}$ 上提供 0 个、1 个或更多的记录，其中对于每个属性，每条记录至少提供 1 个值[注]。我们采用原子值（如字符串、数字、日期、时间等）作为属性值，并且允许记录的相同属性值可以有多种表示形式，包括错误值。记录链接的目标是把数据源提供的记录作为输入，并确定哪些记录指的是相同实体。

⊖　这依赖于已经对齐的数据源的模式。

定义 3.1 　给定一组数据源 $\mathcal{S}$ ，这组数据源在属性集 $\mathcal{A}$ 上提供了一组记录 $\mathcal{R}$ 。**记录链接**就是要计算 $\mathcal{R}$ 的一个划分 $\mathcal{P}$ ，使得每个划分 $\mathcal{P}$ 标识 $\mathcal{R}$ 中不同实体的记录。

例 3.1 　考虑我们之前的航班领域的例子。该领域的实体是独立的飞行记录，与其相关联的属性有 Airline (AL)、Flight Number (FN)、Departure Airport (DA)、Departure Date (DD)、Departure Time (DT)、Arrival Airport (AA)、Arrival Date (AD)、Arrival Time (AT)。

用于记录链接的一组样本输入记录 $r_{211} \sim r_{215}$ ，$r_{221} \sim r_{224}$ ，$r_{231} \sim r_{233}$ 如表 3-1 所示，这些记录可能来自多个数据源，但是可以假定已经成功完成模式对齐。

表3-1　Flights记录样本

	AL	FN	DA	DD	DT	AA	AD	AT
r_{211}	A2	53	SFO	2014-02-08	15:35	EWR	2014-02-08	23:55
r_{212}	A2	53	SFO	2014-02-08	15:25	EWR	**2014-02-08**	00:05
r_{213}	A2	53	SFO	2014-02-08	15:27	EWR	2014-02-09	00:09
r_{214}	**A1**	53	SFO	2014-02-08	15:15	EWR	2014-02-08	23:30
r_{215}	A2	53	SFO	**2014-03-08**	15:27	EWR	2014-02-08	23:55
r_{221}	A2	53	SFO	2014-03-09	15:30	EWR	2014-03-09	23:45
r_{222}	A2	53	SFO	2014-03-09	15:37	EWR	2014-03-09	23:40
r_{223}	A2	53	SFO	2014-03-09	15:28	EWR	2014-03-09	23:37
r_{224}	A2	53	SFO	**2014-03-08**	15:25	EWR	2014-03-09	23:35
r_{231}	A1	49	EWR	2014-02-08	18:45	SFO	2014-02-08	21:40
r_{232}	A1	49	EWR	2014-02-08	18:30	SFO	2014-02-08	21:37
r_{233}	A1	49	EWR	2014-02-08	18:30	**SAN**	2014-02-08	21:30

记录链接计算一个划分，其中，记录 $r_{211} \sim r_{215}$ 表示同一实体（采用浅灰表示），记录 $r_{221} \sim r_{224}$ 表示同一实体（采用深灰表示），记录 $r_{231} \sim r_{233}$ 表示同一实体（采用灰色表示），错误属性值用粗体表示（如，记录 r_{212} 中的 Arrival Date、记录 r_{214} 中的 Airline）。在表示相同实体的记录中，允许 Departure Time 值存在微小的差（如，记录 $r_{221} \sim r_{224}$ 中 *15:30, 15:37, 15:28* 和 *15:25*）；对于 Arrival Time 也一样。这是因为记录来自不同数据源，而这些数据源的观测方法不同（比如，飞行员、机场控制塔）或

者语义上有轻微的不同（如，登机时间和起飞时间），这些在真实数据
源中很常见。◀ 64

　　记录链接包括三个步骤：分块、两两匹配和聚类，如图 3-1 所示。我
们将在后边详细介绍每个步骤，但是值得注意的是，两两匹配和聚类用
于确保记录的语义关联，而分块用于实现可扩展性。

图 3-1　传统记录链接的三个步骤

3.1.1　两两匹配

　　记录链接的基本步骤是两两匹配，即比较记录对并作出它们是否表
示同一实体的局部决策，已经提出多种技术用于此步骤。

　　实践中这一步骤经常使用基于规则的方法[Hernández and Stolfo 1998,
Fan et al. 2009]，并利用领域知识作出局部决策。例如，表 3-1 中所示的
说明性示例，可以实现 r_{221} 和 r_{212} 的两两匹配，同时确保 r_{211} 和 r_{221} 不匹配的
一个有用规则可能是：如果两个记录共享 Airline, Flight Number, Departure
Airport, Arrival Airport 值，并且共享 Departure Date 和 Arrival Date 中的
任意一个，就说这两个记录匹配，否则不匹配。◀ 65

　　这个方法的优势是可以调整规则来有效应对复杂匹配的情况，然而
这种方法的一个重要缺点是制定两两匹配规则需要相当多的领域知识，
即需要很多关于数据的知识。这样就导致了当记录包含错误时该方法将
失效。例如，上述规则是不足以实现 r_{211} 和 r_{214} 的两两匹配（因为 r_{214} 中
Airline 的值不正确），且错误地匹配了记录 r_{215} 和 r_{224}（因为这两个记录在
Departure Date 属性上具有相同的错误值）。

　　基于分类的方法也被用于这一步骤，这种方法最早由[Fellegi and
Sunter 1969]提出。其中，使用正、负训练样例构建分类器，这个分类用
于决定记录对是否匹配；它也可以用于分类器输出一个可能的匹配，在这
种情况下，局部决策转为人工完成。这样基于分类的机器学习方法的优

点是它们不需要关于领域和数据的大量领域知识，只需要训练数据中判定每对记录属于同一实体所需要的知识。这种方法的一个缺点是准确训练分类通常需要大量训练样例，虽然基于变化的主动学习通常可以有效地减少所需的训练数据量[Sarawagi and Bhamidipaty 2002]。

最后，基于距离的方法[Elmagarmid et al.2007]应用距离指标计算相应属性值的差异性（例如，使用编辑距离计算字符串的差异性、使用欧氏距离计算数值属性的差异性），并采取加权求和作为记录级距离。高、低阈值用于确定匹配、不匹配和可能匹配。这种方法的一个重要优点是领域知识被限定在规定原子属性的距离度量内，因而可能被各种实体域重复使用。这种方法的缺点是需要精心的参数调优（例如，给定属性的加权和，每个属性的权重怎么确定，每个属性的低、高阈值又该怎么确定），尽管机器学习方法通常可以被用来按一定的指导原则来调参。

例 3.2　考虑表 3-1 的这组记录，采用基于阈值的简单距离度量记录对之间的距离。

如果一对记录的对应属性值都相同，它们之间的距离为 0，否则它们之间的距离为 1。属性 Airline、Flight Number、Departure Airport、Departure Date、Arrival Airport、Arrival Date 中每个属性的权重设为 1，属性 Departure Time 和 Arrival Time 的权重都设为 0，计算记录级距离用相应的属性级距离的加权和表示。如果两个记录之间的距离至多为 1（低阈值），则匹配；否则，不匹配。

记录对之间的距离图用图 3-2 表示，其中，实线表示对应记录之间的距离为 0，虚线表示对应记录之间的距离为 1。　　　　　　　　　　　◀

3.1.2 聚类

两两匹配阶段只是做了匹配或不匹配这种局部性的决策，这个结果并不能保持全局一致性。例如，如果两两匹配宣布记录对 R_1 和 R_2 匹配，记录对 R_2 和 R_3 匹配，但是记录对 R_1 和 R_3 不匹配。这种情况下，聚类阶段的目的是使匹配决策达到全局一致，即如何划分所有记录使得划分内部都是指向同一实体，不同划分指向不同的实体。

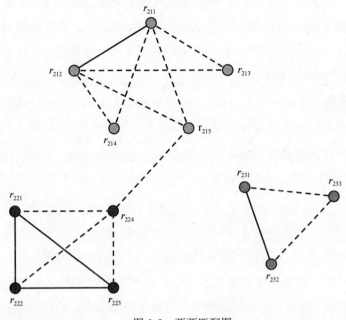

图 3-2　两两匹配图 ◀

　　这一步首先要构造一个两两匹配图 G，其中，每个节点对应一个独立的记录 $R \in \mathcal{R}$，当且仅当两两匹配阶段宣布记录对 R_1 和 R_2 匹配，则存在无向边 (R_1, R_2)。G 的聚类按照图 G 的边将节点划分成两两不相交的子集。已存在很多文献研究关于记录链接的聚类算法[Hassanzadeh et al. 2009]。这些聚类算法倾向于不约束聚类的输出数量，因为实体在数据集的数目通常事先不知道。

　　一个最简单的图聚类策略可以有效地根据图中边的单次扫描将 G 聚类成连通分支[Hernández and Stolfo 1998]。从本质上讲，这种策略高度信任局部匹配决策，所以即使一些小的匹配决策错误也能够显著改变记录链接的结果。例 3.3 说明了这种情况。

　　在另一个极端，一个强大但昂贵的图聚类算法是*相关性聚类*[Bansal et al. 2004]。相关性聚类的目的是寻找 G 中节点的一个划分，这个划分需要最大限度地减少聚类和 G 中边之间的分歧。具体做法如下：若同一聚类中节点对未通过边连接，则设置内聚惩罚为 1；若同聚类中的节点对有边连接，则设置相关性惩罚为 1。相关性聚类旨在计算一个聚类使得惩罚整体总和（如歧义度）最小。相关性聚类被证明是 NP 完全问题[Bansal et al. 2004]，并且这个问题的许多有效的近似算法已经被提出（如 Bansal et al. 2004, Charikar et al. 2003）。

例 3.3 继续例 3.2，两两匹配图如图 3-2 所示。首先，观察到两两匹配获得的局部决策存在全局不一致性。

第二，将图聚类为连通分支将不正确地声明 $r_{211} \sim r_{234}$ 9 个记录表示同一个实体，r_{215} 和 r_{224} 存在假边。

第三，利用相关性聚类可以正确地获得记录的 3 个聚类，与 3 个航班 $r_{211} \sim r_{215}$、$r_{221} \sim r_{224}$ 和 $r_{231} \sim r_{233}$ 对应。这种方法的内聚性惩罚是 3（因为第 1 个聚类中有 3 条错误的边 (r_{213}, r_{214})、(r_{213}, r_{215})、(r_{214}, r_{215})）、相关性惩罚是 1（因为第 1 个聚类和第 2 个聚类有 1 条额外的边 (r_{215}, r_{224})），惩罚总和是 4。这是这个图的所有聚类中最小的总惩罚。例如，连接分支聚类的总惩罚是 22。　◀

3.1.3 分块

两两匹配和聚类共同确保了记录链接所需的语义，但相当低效，并且对于大规模数据记录甚至不可行。低效率的主要原因是两两匹配决定记录对是否匹配所用的时间似乎是比较记录对的平方。当记录数量很大（例如，数百万），两两比较的数量变得过于大。

为了针对大数据集做大规模记录链接，提出了分块策略[Bitton and DeWitt 1983, Hernández and Stolfo 1998]。其基本思想是在一个或多个属性值上建立分块函数，利用该函数划分输入记录为多个小块，随后限制同一个块中记录的两两匹配。

例 3.4 给定记录如表 3-1 所示，并采用属性值（Departure Airport, Departure Date）的组合作为分块函数划分这些记录。图 3-3 阐述了采用分块函数获得的记录划分。

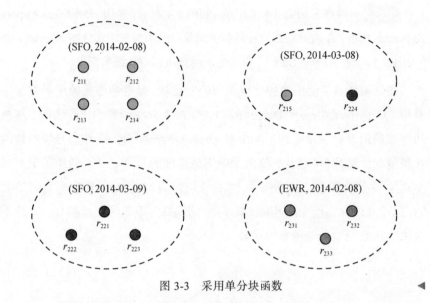

图 3-3 采用单分块函数 ◀

这种策略的优点在于显著降低了两两比较次数，使记录链接面对大规模数据集一样可行且有效。在我们的例子中，两两比较次数可以从 66（12 个记录两两比较）降到 13。

这个策略的缺点是存在假负现象，如果采用的分块函数中任意属性的值有错误或有多重表达时，原本应该指向相同实体的记录可能最终拥有不同的分块键值，因此，无法在随后的两两匹配和聚类阶段发现它指向相同实体。例如，记录 r_{215} 在 Departure Date 属性上有一个错误值，如果采用例 3.4 中使用分块函数，记录 r_{215} 将不能与记录 $r_{211} \sim r_{214}$ 聚为一类。

解决这个缺点的关键是允许多分块函数。[Hernández and Stolfo 1998] 首先进行了这一观察，并表明使用多分块函数可以在不增加代价的情况下提高记录链接的质量。通常，这些分块函数创建一组重叠的块来平衡记录链接的查全率（即缺少假负现象）与两两匹配所产生的比较次数。例如，q-grams⊖ 分块创建记录的块至少共享一个 q-grams[Gravano et al. 2001]。类似地，Canopy 方法采用廉价的相似度计算构建高维、重叠块 [McCallum et al. 2000]。

69

⊖ 一个字符串的 q-grams 值是长度 q 的子串。值的集合的 q-grams 是 q 大小的子集。

例 3.5 再次采用表 3-1 的记录。如例 3.4 所示，采用（Departure Airport, Departure Date）作为分块函数导致假负现象，但添加一个额外的 bi-gram，如（Arrival Airport, Arrival Date），作为分块函数可以避免假负现象。

图 3-4 展示了使用两种分块函数的对比较。黑色边连接的记录对表示采用（Departure Airport, Departure Date）作为分块函数的比较情况，灰色边连接的记录对表示采用（Arrival Airport, Arrival Date）作为分块函数的比较情况。与图 3-2 相比，该例子中应该匹配的每个记录对使用了至少一个以上的分块函数。此外，只使用分块函数对比两个不匹配的记录对（(r_{213}, r_{214}) 和 (r_{214}, r_{215})，用虚线显示）。请注意，不匹配记录对 (r_{213}, r_{215}) 不会使用任意一个分块函数作比较。

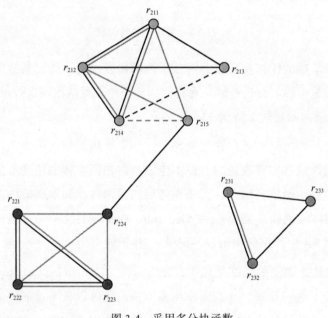

图 3-4 采用多分块函数 ◀

3.2 应对海量性挑战

即便使用了分块技术，对于大数据集，记录链接也可能需要几个小

时甚至几天的时间[Köpcke et al. 2010]。在这一节中，我们介绍已存在的
解决这个问题的两种互补的技术。

第一种方法使用 MapReduce（MR）编程模型，它可以在上千个节点
的集群环境中非常有效地并行化数据密集型计算，用来并行执行记录链
接的分块步骤[Kolb et al. 2012]。第二种方法分析多个分块函数用于比较
记录对的曲线图，并确定最有希望的一组两两匹配来执行[Papadakis et
al. 2014]。

3.2.1 使用 MapReduce 并行分块

在介绍 [Kolb et al. 2012]技术之前，我们首先简单描述 MapReduce
编程模型。这种技术利用 MapReduce 加速记录链接的分块。

1. MapReduce：简单描述

在 MapReduce 编程模型中[Dean and Ghemawat 2004, Li et al. 2014]，
该计算采用两个用户定义函数来表示。

map: $value_1 \rightarrow list(key_2, value_2)$

每个输入 $value_1$ 调用 map 函数，并产生一个 $(key_2, value_2)$ 对列表；
此函数可以在输入数据的不相交划分中并行执行。

map 函数的每个输出 $(key_2, value_2)$ 对被 partition 函数根据
key_2 和可用 reducer 分配给一个唯一的 reducer。所以，所有具备
$key = key_2$ 条件的 $(key, value)$ 被分配给相同的 reducer。

reduce: $(key_2, list(value_2)) \rightarrow list(value_3)$

reduce 函数被每个 key_2 调用，key_2 被分配给 reducer，并利用
grouping 函数访问所有与 $list(value_2)$ 相关联的值的列表。这个函
数可以被不同的 $(key_2, list(value_2))$ 对并行执行。

71

2. 使用 MapReduce 的一个基本方法

记录链接中使用 MapReduce 的基本方法是：i）读取输入记录，并使

用 map 函数基于块关键字并行重新分配输入记录给多个 reducer；ii）使用 reduce 函数在块内对所有记录进行两两匹配，不同块之间并行处理。这样一个基本的 MapReduce 实现是容易受到块大小偏斜引发的严重负载不平衡，限制了原本可以达到的速度。

例 3.6　考虑对表 3-1 中的记录使用 MapReduce 进行记录链接。假设 12 个记录基于属性 Departure Airport 的值被分块。使用 MapReduce 的简单方法如下。

将属性 Departure Airport 的值为 SFO 的 9 个记录 r_{211} ~ r_{224} 映射到第 1 个 reducer，将属性 Departure Airport 的值为 EWR 的 3 个记录 r_{231} ~ r_{233} 映射到第 2 个 reducer。第 1 个 reducer 在 9 个记录上调用 reduce 函数：两两匹配两两比较 36 对记录。第 2 个 reducer 在 3 个记录上调用 reduce 函数：仅两两匹配两两比较 3 对记录。图 3-5 说明了这一方法。

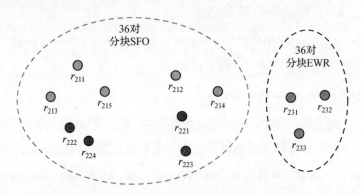

图 3-5　使用 MapReduce 的一个基本方法

由于块大小的偏斜，2 个 reducer 之间存在显著的负载不均，并且 2 个 reducer 连续执行的加速比只有 1.083（如(36+ 3)/ max{36, 3}））。　◄

3. 使用 MapReduce：负载均衡

[Kolb et al. 2012]针对基于 MapReduce 的记录链接提出了两种平衡 reducer 间负载的方法：BLOCKSPLIT 和 PAIRRANGE。

第一种策略 BLOCKSPLIT，通过为每个块产生一个或多个逻辑匹配任务平衡负载，并且采用贪婪方式分配这些逻辑匹配任务给物理 reducer。

它基于三个主要观点。

- 第一，预处理 MapReduce 工作决定块大小的分布，以确定其中需要均衡的负载。

- 第二，BLOCKSPLIT 负责在单个匹配任务上处理小块（其中，对比较的数目不大于平均负载需要，要通过一个 reducer 进行处理，以实现负载平衡）。大块要划分为小的子块，这一步通过两种类型的匹配任务处理：各个子块被处理为类似的小块，不同的子块对由匹配任务通过评价两个子块的交叉积进行处理。这保证了原来块中的所有比较对将由一个或一组匹配任务来计算。

- 第三，BLOCKSPLIT 决定每个匹配任务的比较次数，分配匹配任务给 reducer 来实现启发式贪婪负载均衡。

由于大块中的记录可能需要参加多个匹配任务，BLOCKSPLIT 复制这样的记录，同时利用 map 函数从单个输入 $value_1$ 计算一个 $(key_2, value_2)$ 对列表，其中，不同的 key_2 值代表了记录参与的匹配任务的特征。

例 3.7　重新考虑表 3-1 所示的记录，假设根据任意输入划分 $\mathcal{P}$ 将它们划分成两组：记录 r_{211}、r_{213}、r_{215}、r_{222}、r_{224} 和 r_{232} 属于 P_0 组，记录 r_{212}、r_{214}、r_{221}、r_{223}、r_{231} 和 r_{233} 属于 P_1 组。

预处理 MapReduce 工作决定输入划分中每组块大小的分布，产生以下分布：

分块关键字	分组	大小
SFO	P_0	5
SFO	P_1	4
EWR	P_0	1
EWR	P_1	2

分块关键字为 EWR 的块有 3 个记录，且需要执行 3 次两两比较。分块关键字为 SFO 的块有 9 个记录，且需要执行 36 次两两比较。如果记录链接需要使用两个 reducer 来执行，则分块关键字为 EWR 的块被认为是小块；而分块关键字为 SFO 的块被认为是大块，需要划分为子块，如图 3-6 所示。

73

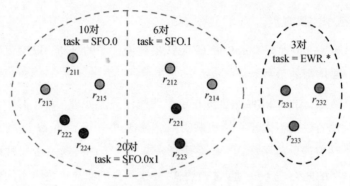

图 3-6 MapReduce 的使用：BLOCKSPLIT

为了达到这种划分，map 函数首先对记录做如下表中描述的处理。

输入value$_1$	分组	输出list(key$_2$,value$_2$)
r_{211}	P_0	$\left[(\text{SFO.0}, r_{211}), (\text{SFO.0x1}, r_{211}^0)\right]$
r_{213}	P_0	$\left[(\text{SFO.0}, r_{213}), (\text{SFO.0x1}, r_{213}^0)\right]$
r_{215}	P_0	$\left[(\text{SFO.0}, r_{215}), (\text{SFO.0x1}, r_{215}^0)\right]$
r_{222}	P_0	$\left[(\text{SFO.0}, r_{222}), (\text{SFO.0x1}, r_{222}^0)\right]$
r_{224}	P_0	$\left[(\text{SFO.0}, r_{224}), (\text{SFO.0x1}, r_{224}^0)\right]$
r_{232}	P_0	$\left[(\text{EWR.*}, r_{232})\right]$
r_{212}	P_1	$\left[(\text{SFO.1}, r_{212}), (\text{SFO.0x1}, r_{212}^1)\right]$
r_{214}	P_1	$\left[(\text{SFO.1}, r_{214}), (\text{SFO.0x1}, r_{214}^1)\right]$
r_{221}	P_1	$\left[(\text{SFO.1}, r_{221}), (\text{SFO.0x1}, r_{221}^1)\right]$
r_{223}	P_1	$\left[(\text{SFO.1}, r_{223}), (\text{SFO.0x1}, r_{223}^1)\right]$
r_{231}	P_1	$\left[(\text{EWR.*}, r_{231})\right]$
r_{233}	P_1	$\left[(\text{EWR.*}, r_{233})\right]$

reduce 函数将具有相同key$_2$值的(key$_2$, value$_2$)对聚为一类，并基于 key$_2$值表示的匹配任务的特征计算两两比较次数，具体描述如下表。

74

输入(key$_2$,list(value$_2$))	匹配任务	比较次数
$(\text{SFO.0}, [r_{211}, r_{213}, r_{215}, r_{222}, r_{224}])$	子块匹配	10
$(\text{SFO.1}, [r_{212}, r_{214}, r_{221}, r_{223}])$	子块匹配	6
$(\text{SFO.0x1}, [r_{211}^0, r_{213}^0, r_{215}^0, r_{222}^0, r_{224}^0, r_{212}^1, r_{214}^1, r_{221}^1, r_{223}^1])$	叉积匹配	20
$(\text{EWR.*}, [r_{231}, r_{232}, r_{233}])$	小块匹配	3

最后，BLOCKSPLIT 分配任务给两个可用的 reducer，根据启发式贪婪负载均衡法：匹配任务 SFO.0x1 分配给 reducer 0，其中包含 20 个比较对；

匹配任务 SFO.0、SFO.1 和 EWR.*分配给 reducer 1，其中共包含 19 个比较对。这种分配获得的加速比是 1.95（如$(20 + 19)/ \max\{20, 19\}$），这个加速比接近于两个 reducer 提供的理想加速比 2。◀

虽然 BLOCKSPLIT 相当有效，如前面例子所述，但它依赖于输入的划分，并使用启发式贪婪负载平衡，不能保证负载平衡。为此，[Kolb et al. 2012]提出了第二个策略 PAIRRANGE，它通过为每个 reduce 任务分配一个非常相似的两两匹配次数来达到负载均衡。它基于三个主要观点。

- 第一，预处理 MapReduce 工作决定块大小的分布，和 BLOCKSPLIT 一样。

- 第二，PAIRRANGE 根据已计算的块大小分布构建了一个由所有记录和相关两两匹配组成的虚拟全局列表。map 函数使用枚举方案来确定由每个 reduce 任务处理的匹配对。

- 第三，为了达到负载均衡，PAIRRANGE 将所有匹配对最多划分为相同大小的 r 个，并且分配第 k 个区间给第 k 个 reduce 任务。

像 BLOCKSPLIT 一样，PAIRRANGE 复制输入记录，同时利用 map 函数从单个输入 $value_1$ 计算一个 $(key_2, value_2)$ 对列表。

例 3.8　重新考虑表 3-1 所示记录，假设块大小分布已经给定，相同的输入划分被用作 BLOCKSPLIT。所有记录和两两匹配的虚拟全局枚举如表 3-2 所示。

表3-2　PAIRRANGE中的虚拟全局枚举

		分块关键字SFO										分块关键字EWR	
		r_{211}	r_{213}	r_{215}	r_{222}	r_{224}	r_{212}	r_{214}	r_{221}			r_{232}	r_{231}
		0	1	2	3	4	5	6	7			9	10
r_{213}	1	0								r_{231}	10	36	
r_{215}	2	1	8							r_{233}	11	37	38
r_{222}	3	2	9	15									
r_{224}	4	3	10	16	21								
r_{212}	5	4	11	17	22	26							
r_{214}	6	5	12	18	23	27	30						
r_{221}	7	6	13	19	24	28	31	33					
r_{223}	8	7	14	20	25	29	32	34	35				

首先，在分块关键字为 SFO 的块中记录按照 r_{211}、r_{213}、r_{215}、r_{222}、r_{224}、

r_{212}、r_{214}、r_{221}、r_{223} 的顺序被随机虚拟枚举；并且给它们分配编号 0～8，如表 3-2 所示。因为块中的每对记录都需要比较，两两匹配也都被虚拟列举，这个列举通过分配给每个参与两两匹配的记录的编号实现。因此，匹配对 (r_{211}, r_{213})，与 0 号和 1 号记录相对应，被分配了最小的数 0；(r_{211}, r_{215}) 被分配下一个数 1；以此类推，直到最后一个匹配对 (r_{221}, r_{223}) 与 7 号和 8 号记录相对应，被分配了最大的数 35。

在下一步中，在分块关键字为 EWR 的块中，记录基本上按照 r_{232}、r_{231}、r_{233} 的顺序被枚举；并且给它们分配编号 9～11，如表 3-2 所示。然后，虚拟全局列表列举了涉及这些记录的所有匹配对，给它们分配编号 36～38。

最后，如果只有两个 reducer，PairRange 实现负载均衡是通过以下两个操作实现的：将区间[0,38]划分成基本等大的两个区间[0,19]（表 3-2 中深灰标注部分）和[20,38]（表 3-2 中浅灰标注部分），并将匹配对的这两个区间分配给 2 个不同的 reducer。 ◀

4. 主要结果

[Kolb et al. 2012] 在真实数据集上实验评估了各种负载均衡策略，并将其与记录链接中使用基本 MapReduce 的方法比较。他们的主要结果

如下。

1）BlockSplit 和 PairRange 在所有数据偏斜上都是稳定的，由于 PairRange 具有较为均匀的负载分布，所以它有一个小的优势。

相比较而言，基本策略不健壮，因为较高的数据偏斜增加了最大块中匹配对的数量，这使它比 BlockSplit 或 PairRange 慢一个或多个数量级。

2）BlockSplit 和 PairRange 可以通过增加 reduce 任务的数量提高优势，并能在 reduce 任务和节点之间均匀地分配负载。在较小的数据集上，Block-Split 略胜一筹，否则 PairRange 具有更好的性能。

3.2.2 meta-blocking: 修剪两两匹配

[Papadakis et al. 2014] 探讨当使用分块方法处理后，两两匹配的集合对于高效记录链接仍然偏大的情况下，如何识别出一组最有可能的两两匹配的问题。

如 3.1.3 节讨论，使多个重叠块的分块方法具有减少假负现象（如错匹配）的优点。这些方法对于模式异构特别重要，其中缺乏模式对齐的情况下，建议使用分块键值与模式无关的方式。此问题用下面的例子解释。

例 3.9 给定 5 个记录 $r'_{211} \sim r'_{215}$ 如表 3-3 所示。这些记录涉及同一实体，与表 3-1 中的记录 $r_{211} \sim r_{215}$ 对应，且包含相同的信息。然而，表 3-3 中记录的模式没有正确对齐，灰色的值表示未对齐的值，与表 3-1 相同，粗体表示错误值。

表3-3　模式异构的Flights记录样本

r'_{211}	A2	53	EWR	2014-02-08	15:35	SFO	2014-02-08	23:55
r'_{212}	A2	53	SFO	2014-02-08	00:05	EWR	**2014-02-08**	00:05
r'_{213}	A2	53	SFO	2014-02-09	15:27	EWR	2014-02-08	00:09
r'_{214}	A1	53	SFO	2014-02-08	15:15	EWR	2014-02-08	23:30
r'_{215}	A2	53	EWR	**2014-03-08**	23:55	SFO	2014-02-08	15:27
r'_{221}	A2	53	EWR	2014-03-09	15:30	SFO	2014-03-09	23:45
r'_{222}	A2	53	SFO	2014-03-09	23:40	EWR	2014-03-09	15:37
r'_{223}	A2	53	SFO	2014-03-09	15:28	EWR	2014-03-09	23:37
r'_{224}	A2	53	EWR	**2014-03-08**	23:35	SFO	2014-03-09	15:25
r'_{231}	A1	49	SFO	2014-02-08	18:45	EWR	2014-02-08	21:40
r'_{232}	A1	49	EWR	2014-02-08	18:30	SFO	2014-02-08	21:37
r'_{233}	A1	49	EWR	2014-02-08	18:30	**SAN**	2014-02-08	21:30

例如，同一列中，记录 r'_{211} 和 r'_{215} 的值是 EWR、记录 $r'_{212} \sim r'_{214}$ 的值是 SFO。无论这列代表属性 Departure Airport 还是 Arrival Airport，在假设模式同构的情况下，对于传统记录链接，这种不一致将会出现问题。特别

的，即便在（column 4, column 5）和（column 7, column 8）的值上使用多个分块关键字，采用与例 3.5 相似的多个分块关键字，接下来两两匹配阶段只需要比较记录对 $\left(r'_{212},r'_{214}\right)$、$\left(r'_{211},r'_{215}\right)$ 和 $\left(r'_{213},r'_{214}\right)$，也不可能链接所有 5 个记录，尽管它们指的是相同的实体。

然而，如果在（Airport, Date）的多个值上做分块，每个列上的这些值独立，那么 5 个记录 $r'_{211}\sim r'_{215}$ 中的每对记录将进行两两配对（这也需要模式无关来保证记录匹配），随后的聚类将确定它们都指的是同一个实体。◀

1. 使用多个分块关键字：低效率

例 3.9 表明大数据中存在模式异构，为了实现高查全率，在一个模式无关方式中使用多个分块关键字必不可少。但是，它可能会导致效率相当低：许多对不匹配记录可能最终被比较，因为分块关键字使用模式无关。此问题用下面的例子说明。

例 3.10 例 3.5 表明如何使用多个分块函数，例如（Departure Airport, Departure Date）和（Arrival Airport, Arrival Date），避免单分块关键字引发的假负问题。

由于模式异构性的存在，所以，不清楚哪个值与 Departure Airport 和 Arrival Airport 对应，哪个值与 Departure Date 和 Arrival Date 对应。要获得多个分块函数的好处，需要在多个值上分块，无论这些值在哪个列发生。图 3-7 阐释了不同块（有重叠），当分块发生在可能的（Airline），（Flight Number），（Departure Airport, Departure Date）和（Arrival Airport, Arrival Date）值上时，这些块被创建；只有具有多于一个记录的块被示出在图中。

使用模式无关的分块方法最终比较了更多的不匹配记录对。如图 3-7 所示，不匹配记录对 $\left(r'_{211},r'_{231}\right)$ 和 $\left(r'_{213},r'_{232}\right)$ 最终将会做比较，由于这些记录发生在块（SFO, 2014-02-08）和（EWR, 2014-02-08）。请注意，在没有模式异构的情况下，这些记录对不会一直在所有分块函数的同组中相比较，如表 3-1 所示。因此，使用模式无关的分块技术可能增加不匹配记录对的比较次数。◀

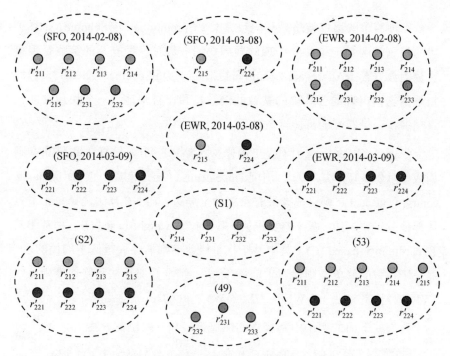

图 3-7　在多个值上使用模式无关分块

2. meta-blocking：提高性能

[Papadakis et al. 2014]提出 meta-blocking 方法来解决先前发现的问题。他们旨在发现对比较中最可能的记录对儿，基于给定的块集合，显著减少两两比较次数的同时保持较高的查全率。meta-blocking 独立于所使用的分块函数，但底层分块函数执行模式无关的分块时特别有用。

meta-blocking 首先构建一个边加权分块图 G_B，对于给定的块集合 $\mathcal{B}$，G_B 的节点是记录，这个记录至少出现在 $\mathcal{B}$ 的一个块中，无向边连接的记录对儿至少在一个块中共同出现。[Papadakis et al. 2014]提出几种边加权的方法和修剪策略，具体如下。

- 边权是为了平衡实际执行由边连接的记录之间的成对比较的成本和效益。

- 修剪方案在分块图中识别并删除低匹配可能性的边。成对比较仅针对分块图修剪后的边。

一种简单的边权策略是共同块方案（Common Block Scheme，CBS），边的权重是两个记录共同出现的共同块的个数。一种复杂的策略是聚集比较倒数方案（Aggregate Reciprocal Comparison Scheme，ARCS），边的权重是它们出现的公共块的基数的倒数之和；直观地，一个块包含的记录越多，记录匹配的可能性就越低。

[Papadakis et al. 2014]提出的修剪策略由一个剪枝算法和删除准则构成。两个修剪算法，以边为中心 edge-centric（EP）和以节点为中心 node-centric（NP），EP 算法选择最有希望的全局边，而 NP 算法选择每个节点局部最有希望的边。两个修剪准则，基于权重 weight-based（W）和基于基数 cardinality-based（C），其中基于权重修剪准则消除权重低于阈值的边，而基于基数的修剪准则保留了前 k 条边。结合修剪算法和修剪准则可以产生 4 种修剪方法——WEP、CEP、WNP 和 CNP。

我们在下面的例子中阐释边的加权策略和一些修剪方案。

例 3.11   给定图 3-7 所示的块集合，对应的记录如表 3-3 所示。

图 3-8 描述了 CBS 边权策略的分块图，其中，相同颜色的节点表示指的是相同的实体。实线边的权重是 3 或 4（例如，相应的记录共同出现在 3 或 4 个块）。例如，记录 (r'_{211}, r'_{213}) 共同出现在（SFO, 2014-02-08）、（EWR，2014-02-08）、（A2）和（53）4 个块，(r'_{214}, r'_{231}) 共同出现在（SFO，2014-02-08）、（EWR，2014-02-08）和（A1）3 个块。虚线边的权重是 1 或 2（例如，相应的记录共同出现在 1 或 2 个块）。例如，记录 (r'_{211}, r'_{233}) 仅共同出现在一个块（EWR，2014-02-08），记录 (r'_{211}, r'_{222}) 共同出现在（A2）和（53）两个块。图中共有 54 条边，22 条实线边、32 条虚线边。分块图中的平均边权重是 136/54=2.52。

如果采用 WEP（基于权重，以边为中心修剪）方案，使用平均边权作为权重阈值，所有边权为 1 或 2（虚线边）的将被修剪。所以边权为 3 或 4（实线边）的 22 条边将进行两两比较。

如果采用 CEP（基于基数，以边为中心修剪）方案，使用基数阈值为 22，所有实线边被保留并进行对比较。设定一个较低的基数阈值，如

13，一些匹配记录对也许不用做对比较，从而导致较低的查全率。

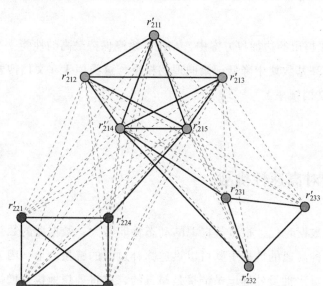

图 3-8 使用与模式无关的分块技术 meta-blocking

3. 主要结果

[Papadakis et al. 2014] 实验评估各种边加权策略和修剪方案来证明 *meta-blocking* 相比于传统分块方法的好处。他们的数据集和代码可以公开从 http://sourceforge.net/projects/erframework（2014 年 10 月 1 日前可访问）上获取，他们的主要结果如下。

1）meta-blocking 显著提高了分块效率，通常可提高 1～2 个数量级，同时保证了高的查全率。

主要原因是：ⅰ）分块图的构建使用了低代价边权计算，代替了昂贵的对比较；ⅱ）大量（不匹配）记录对被修剪，因此，不用两两比较。

2）以边为中心的修剪通常在效率上优于以节点为中心的修剪，维持高查全率的同时丢弃更多多余成对比较以减少记录匹配对。在这种情况下，高的加权边更可能对应于匹配的记录对。

3）基于权重的修剪通常可以提供比基于基数的修剪更好的查全率。

根据不同的阈值，后者可以比前者更高效，但实现这一点需要适度损失查全率。

4）在提出的边加权方案中，ARCS 始终保持最高的性能。这是因为 ARCS 在高基数块中降低记录同现的权重，这类似于在文档搜索中使用 IDF（倒文档频率）。

3.3 应对高速性挑战

在大数据时代，很多数据源的动态性非常大，数据源的数量也迅速激增。这种高速的数据更新可以迅速弥补过时的链接结果。因为随着数据更新，每次批量处理记录链接是昂贵的，这将理想地执行增量记录链接，当数据更新到达时能够迅速更新现有的链接结果。

增量记录链接

在过去的几十年中，记录链接方面的文献已有很多，但增量记录链接只是在近几年才开始受到人们的关注 [Whang and Garcia-Molina 2010, Whang and Garcia-Molina 2014, Gruenheid et al. 2014]。

[Whang and Garcia-Molina 2010, Whang and Garcia-Molina 2014]工作的主要焦点在于两两匹配规则随时间的演化。[Whang and Garcia-Molina 2014]在一般增量条件，简单讨论了数据演化的情况，该增量记录链接可通过批量链接方法容易地执行。[Gruenheid et al. 2014]针对一般情况下当批量链接算法不具有增量性时，提出了增量技术，这种技术权衡了连接结果的质量和增量算法的效率。

1. 增量链接的挑战

回想一下，记录链接计算一个输入记录 $\mathcal{R}$ 的划分 $\mathcal{P}$，使得 $\mathcal{P}$ 中的每个划分指向相同实体的记录。

一个自然的想法是增量链接，即每个插入的记录与现有的聚类相比，要么把它插入一个现有的聚类（即一个已知实体），要么为它创建一个新的聚类（即新实体）。然而，链接算法可能犯错误，数据更新的额外信息往往能够帮助识别并修复这些错误，接下来用一个例子阐释。

例 3.12　表 3-4 显示了航班领域的记录，根据日期更新到达的顺序组织。其中 $\overline{Fights_0}$ 是初始记录集，$\overline{\Delta Fights_1}$ 和 $\overline{\Delta Fights_2}$ 是两个更新记录集。

表3-4　Flights纪律和更新

		AL	FN	DA	DD	DT	AA	AD	AT
$\overline{Fights_0}$	r_{213}	A2	53	SFO	2014-02-08	15:27	EWR	2014-02-09	00:09
	r_{214}	**A1**	53	SFO	2014-02-08	15:15	EWR	2014-02-08	23:30
	r_{215}	A2	53	SFO	**2014-03-08**	15:27	EWR	2014-02-08	23:55
	r_{224}	A2	53	SFO	**2014-03-08**	15:25	EWR	2014-03-09	23:35
	r_{231}	A1	49	EWR	2014-02-08	18:45	SFO	2014-02-08	21:40
	r_{232}	A1	49	EWR	2014-02-08	18:30	SFO	2014-02-08	21:37
	r_{233}	A1	49	EWR	2014-02-08	18:30	**SAN**	2014-02-08	21:30
$\overline{\Delta Fights_1}$	r_{221}	A2	53	SFO	2014-03-09	15:30	EWR	2014-03-09	23:45
	r_{222}	A2	53	SFO	2014-03-09	15:37	EWR	2014-03-09	23:40
	r_{223}	A2	53	SFO	2014-03-09	15:28	EWR	2014-03-09	23:37
$\overline{\Delta Fights_2}$	r_{211}	A2	53	SFO	2014-02-08	15:35	EWR	2014-02-08	23:55
	r_{212}	A2	53	SFO	2014-02-08	15:25	EWR	**2014-02-08**	00:05

假设初始记录集 $\overline{Fights_0}$ 包含 7 条记录 r_{213}、r_{214}、r_{215}、r_{224}、r_{231}、r_{232} 和 r_{233}。图 3-9 阐释了通过应用类似于例 3.2 中相同的对得到的两两匹配图，通过在该图上应用相关性聚类得到记录链接的结果。注意，由于数据中的错误使得该划分有几个错误。

- 记录 r_{215} 和 r_{224} 在同一个聚类，尽管它们表示不同实体。发生这种情况是因为两个记录中 Departure Date 的值存在错误。

- 记录 r_{213}、r_{214} 和 r_{215} 在不同聚类中，尽管它们指的是相同实体。发生这种情况是因为对的相似性度量没有声明这些记录对之间的任何匹配，还因为这些记录中有错误值。

83

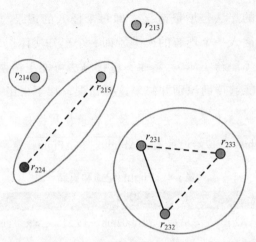

图 3-9　$\overline{\text{Fights}_0}$ 的记录链接结果

现在考虑更新 $\Delta\text{Flights}_1$，如表 3-4 所示，它包含记录 r_{221}、r_{222} 和 r_{223}。图 3-10 展示了它的两两匹配图，并展示了在此图上进行相关性聚类得到的批量记录链接的结果。需要注意的是，从该更新获得的额外信息可以帮助识别并修复之前 r_{215} 和 r_{224} 在同一个聚类的错误。很显然，如果插入的记录被加入到现有聚类或被用于创建一个新聚类，则这个错误不能被修复。

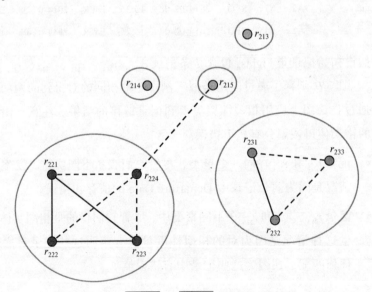

图 3-10　$\overline{\text{Flights}_0} + \overline{\Delta\text{Flights}_1}$ 的记录链接结果

最后，考虑更新 $\overline{\Delta\text{Flights}_2}$，如表 3-4 所示，它包含记录 r_{211} 和 r_{212}。图 3-11 展示了它的两两匹配图，并展示了通过在此图上进行相关性聚类得到的批量记录链接的结果。它包括三个聚类，并修复了之前 r_{213}、r_{214} 和 r_{215} 在不同聚类的错误。

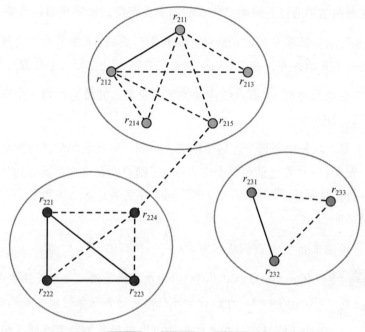

图 3-11　$\overline{\text{Flights}_0} + \overline{\Delta\text{Flights}_1} + \overline{\Delta\text{Flights}_2}$ 的记录链接结果

2. 优化增量算法

增量链接的目的是双重的。首先，增量链接应该比批量链接快得多，尤其是在更新操作的数量 $\Delta\overline{R}$ 较小时。其次，增量链接应该得到与批量链接同等质量的结果。

需要注意的是，相关性聚类算法针对图的节点和边操作，而不是针对聚类操作，所以它们不是一般增量。因此，[Whang and Garcia-Molina 2014]的技术在前面的例子不适用。出于这个原因，本节中我们重点关注 [Gruenheid et al. 2014]提出的增量记录链接算法。

Gruenheid 等人提出两个增量算法，CONNECTEDCOMPONENT 和 ITERATIVE，

他们在记录的子集上应用相关性聚类，而不是所有记录，但肯定可以找到最佳解决方案。

CONNECTEDCOMPONENT 算法只考虑以前记录链接结果中与更新 $\Delta\bar{R}$ 中节点有直接或间接连接关系的聚类。在这些子图 G 上应用相关性聚类，并从前面的结果通过新聚类取代 G 的旧聚类获得记录链接的新结果。

ITERATIVE 算法从以前记录链接结果中与更新 $\Delta\bar{R}$ 中节点有直接连接关系的聚类开始，并仅在必要时扩展它。直观上，它分三个步骤。

1）获得与更新 $\Delta\bar{R}$ 有直接连接关系的聚类，并将它的每一个连通子图放入队列中。

2）对于队列中而每个连通子图 G，出列，寻找它的最优聚类 $\bar{C}$。如果每个聚类 $C \in \bar{C}$ 在之前的聚类中不存在，则寻找直接连接到它的其他聚类，并且把这种连通子图 G_i 入队列，同时注意去除队列中重复子图和合并重叠子图。

3）重复步骤 2），直到队列为空。

定理 3.1 [Gruenheid et al. 2014] 如果优化算法采用相关性聚类，则 CONNECTEDCOMPONENT 和 ITERATIVE 可以给出增量记录链接的最优结果。

这个定理的证明基础是相关性聚类可以满足各种所需性质，包括局部性、可交换性、可分离性和单调性[Gruenheid et al. 2014]. CONNECTED COMPONENT 的最优性只依靠局部性和单调性，而 ITERATIVE 的最优性依赖于所有被满足的性质。

相关性聚类是一个 NP 完全问题，因此，相关性聚类的优化算法并不适合大数据[Bansal et al. 2004]。然而，已经提出了相关性聚类的各种多项式时间近似算法（如 Bansal et al. 2004, Charikar et al. 2003），并且这些算法中的任何一种都可以在 CONNECTEDCOMPONENT 和 ITERATIVE 框架内使用。而这些算法的结果没有任何最优性保证，[Gruenheid et al. 2014] 表明在实践中他们获得了更好的结果。

例 3.13 考虑如表 3-4 所示记录，$\overline{\mathrm{Flights}_0}$ 的聚类如图 3-9 所示。

我们考虑一种情况，即更新 $\Delta\overline{\text{Flights}_1}$ 中的记录 r_{221}、r_{222} 和 r_{223} 被添加。这些记录仅被（直接或间接）链接到图 3-9 中包含 r_{224} 和 r_{215} 的聚类。因此，CONNECTEDCOMPONENT 在这 5 个记录上应用相关性聚类，可以获得 2 个聚类，一个包含 $r_{221}\sim r_{224}$，另一个包含 r_{215}。ITERATIVE 在此情况下执行同样的操作。$\overline{\text{Flights}_0} + \Delta\overline{\text{Flights}_1}$ 的聚类结果如图 3-10 所示。

现在考虑当更新 $\Delta\overline{\text{Flights}_2}$ 中的记录 r_{211} 和 r_{212} 被加入的情况。这些记录仅被（直接或间接）链接到图 3-10 中包含 r_{213}、r_{214}、r_{215} 和 $r_{221}\sim r_{224}$ 的 4 个聚类。因此，CONNECTEDCOMPONENT 在这 9 个记录上应用相关性聚类，可以获得 2 个聚类，一个包含 $r_{211}\sim r_{215}$，另一个包含 $r_{221}\sim r_{224}$。

在这个例子中，ITERATIVE 与 CONNECTEDCOMPONENT 有所不同，虽然最终结果是相同的。需要注意的是，更新 $\Delta\overline{\text{Flights}_2}$ 中的记录仅被直接连接到图 3-10 中包含记录 r_{213}、r_{214} 和 r_{215} 的 3 个聚类。因此，Iterative 首先应用相关性聚类在 $r_{211}\sim r_{215}$ 5 个记录上，得到包含这 5 个记录的一个单个聚类。由于这是一个新聚类，它直接连接到图 3-10 中包含 $r_{221}\sim r_{224}$ 的聚类；接下来 Iterative 应用相关性聚类在 $r_{211}\sim r_{224}$ 9 个记录上，这时导致有相同的两个聚类如前，Iterative 终止。$\overline{\text{Flights}_0} + \Delta\overline{\text{Flights}_1} + \Delta\overline{\text{Flights}_2}$ 的记录链接结果如图 3-11 所示。

需要注意的是，在这个例子中，ITERATIVE 确实比 CONNECTEDCOMPONENT 做了更多的工作。然而，如果 ITERATIVE 的第一次迭代（应用相关性聚类在 $r_{211}\sim r_{215}$ 5 个记录）时，包含 r_{215} 的单个聚类没有发生变化，则 ITERATIVE 在第一次迭代后终止，做的工作比 CONNECTEDCOMPONENT 少。 ◀

3. 贪婪增量算法

通常，当对相似图是强连通图时，CONNECTEDCOMPONENT 算法可能考虑了不必要的大子图，而 ITERATIVE 算法可能需要在收敛之前重复检查相当多的子图，如例 3.13 所示。此外，两种算法在该图的连接子图上进行粗粒度操作，这可能比单个聚类大。

[Gruenheid et al. 2014]也提出了多项式时间的 GREEDY 算法，其中，后一轮的聚类是在上一轮的聚类基础上增量完成的。具体而言，每次队

列中的聚类被检查时，算法在聚类上考虑三种可能的操作，并选择最佳的选择（如在相关性聚类中惩罚值最低）。

- MERGE：合并聚类与一个相邻聚类。

- SPLIT：拆分聚类分为两个聚类，通过逐一检查记录和决定是否将其拆分并产生更好的聚类。

- MOVE：将聚类中的一些节点移动到相邻聚类，或从相邻聚类中移动一些节点到给定的聚类。

87

我们使用下一例子来说明 GREEDY 算法的运行。

例 3.14　考虑如表 3-4 所示记录，$\overline{\text{Flights}_0}$ 的聚类如图 3-9 所示。

当更新 $\Delta\overline{\text{Flights}_1}$ 中的记录 r_{221}、r_{222} 和 r_{223} 被添加时，所有这些记录先单独放入队列。然后进行一系列 MERGE 操作以获得含有这三个记录的单个聚类：这个聚类的类间惩罚是 0，因为根据所使用的对相似性度量方法，聚类中的每对记录是一个匹配。最后，执行一个 MOVE 操作，将记录 r_{224} 从之前包含 r_{224} 和 r_{215} 的聚类中移动到包含 r_{221}、r_{222} 和 r_{223} 的聚类。GREEDY 算法终止，得到的聚类如图 3-10 所示。

类似地，当更新 $\Delta\overline{\text{Flights}_2}$ 中的记录 r_{211} 和 r_{212} 被加入图 3-10 的聚类时，一系列贪婪的 MERGE 操作后最终会形成聚类，这些聚类中表示同一实体中的所有记录都在同一聚类中，表示不同实体的记录在不同的聚类中。结果如图 3-11 所示。◀

4. 主要结果

[Gruenheid et al. 2014] 实验评估了各种增量链接算法来展现他们比批量链接和基本的增量链接算法占优势。他们的主要结果如下。

1）增量记录链接算法与批量链接相比显著提高了效率（通常是 1～2 个数量级），而不牺牲链接质量。

2）该 CONNECTEDCOMPONENT 算法总是比所有更新大小的批量记录链接更好，因为它仅修改被（直接或间接）连接到所述更新的那些聚类。

3）迭代方法，ITERATIVE（多项式时间算法，提供了一个近似相关聚类[Bansal et al. 2004]）和 GREEDY 很好地利用了更新，仅影响两两匹配图的一小部分，即，更新具有局部而非全局影响。

4）GREEDY 算法被示为在嘈杂环境中最健壮的算法，通过改变合成数据集发生器的参数获得。

3.4 应对多样性挑战

大数据时代有大量的各种领域、数据源和数据，如第 1 章所述。理想的情况下，模式对齐（如前章所述）应该解决多个数据源之间的模式异构性，记录链接的任务可能假设数据源之间的模式同构。在实践中，模式对齐是不容易的，特别是当实体、关系和本体需要从文本片段中提取。

链接文本片段到结构化数据

许多应用认为有必要链接文本片段内嵌的属性值到结构化记录，属性名称有时在其他文本。我们将说明这个问题的两个挑战性的方面，所呈现的错综复杂的技术用我们之前的航班领域的示例说明。

1. 挑战

一种链接文本片段到结构化数据的方法是对文本片段使用信息提取技术，以获得结构化的、层次分明的记录 [Cortez and da Silva 2013]，然后再使用前面章节讨论的链接技术。然而，当文本片段有语法错误时，这可能对于简洁的文本片段不简单。受现实需求的启发，即需要将成千上万的在线供应商的无结构产品信息链接到已知的结构化商品清单信息，[Kannan et al. 2011]考虑了这种链接问题。他们提出了一种链接文本片段到结构化数据的新方法，这种方法在某种程度上有效地利用了用于此目的的结构化记录的数据。下面的示例说明一些需要克服的挑战。

例 3.15 设定结构化数据仅包含表 3-1 中记录 r_{211}、r_{221} 和 r_{231}，为了

方便，将这三个记录复制到表 3-5。请看下面包含机票预订信息的文字片段。

PNR TWQZNK for A2 flight 53 SFO 2014-02-08 (15:30 hrs) to EWR fare class Q $355.55 confirmed.

表3-5　从表3-1获得的Flights记录样本

	AL	FN	DA	DD	DT	AA	AD	AT
r_{211}	A2	53	SFO	2014-02-08	15:35	EWR	2014-02-08	23:55
r_{221}	A2	53	SFO	2014-03-09	15:30	EWR	2014-03-09	23:45
r_{231}	A1	49	EWR	2014-02-08	18:45	SFO	2014-02-08	21:40

很明显，这种预订信息的文本片段与表 3-5 中记录 r_{211} 是一个很好的匹配。然而，能够将它们连接需要克服几个挑战。

- 第一，文本片断不总是包含属性名。例如，SFO 可以与 Departure Airport 或 Arrival Airport 匹配。

- 第二，文本片段的属性值可以完全匹配或近似，或者甚至是错误的。例如，文本片段 *15:30* 与 r_{221} 的 Departure Time 完全匹配，而与 r_{211} 近似匹配。

- 第三，文本片断不一定包含结构化记录的所有属性值，例如，文本片断需要处理缺少的数据。例如，文本片段中没有关于 EWR 的 arrival date 或 arrival time 信息。

- 第四，文本片段可包含不存在于所述结构化数据的属性值。例如，它包含有关票价类（*Q*）和价格（*$355.55*），其不存在于结构化记录信息中。　◀

2. 方案

[Kannan et al. 2011] 针对链接问题提出一种监督学习方法，寻找与结构化记录具有最高匹配概率的给定的非结构化文本片段。离线阶段基于文本片段的小部分训练集学习匹配函数，其中每一个片段已被匹配到一个独特的结构化记录。在随后的在线阶段，新的文本片段被逐一匹配，通过应用学到的匹配函数从候选对象中选择最佳匹配的结构化记录。离

线和在线阶段的关键组成部分是文本片段的语义分析策略和量化匹配质量的匹配函数。

文本片段的语义分析在离线和在线阶段同时使用，它包括三个步骤：文本片段的属性名称标记字符串，基于标签识别可信的解析，并最终为每个结构化记录的候选对象获得文本片段的最佳解析。

1）标注：假设 A 表示结构化数据的属性名。在这些结构化数据上建立倒排索引，对于每个串 v，倒排索引返回与结构化记录中字符串 v 对应 A 中的一组属性名。

文本片段的标记是通过在片段中检查所有分词级别的 q-grams（例如，最多 $q= 4$），并使用倒排索引将其与一组属性名相关联来完成。 90

2）合理解析：给定标记，文本片断的一个合理的解析被定义为在标注阶段已识别的所有属性的特定组合，如每个属性与至多一个值相关联。⊖

由于数据中的歧义性，出现了多个合理的解析。通常只有少量的解析是可信的。

3）优化解析：当文本片段与结构化记录配对时，根据所学习的匹配函数可以从文本片段的合理解析中选择一个最优解析。

文本片段的不同的解析可能是不同的结构化记录的最佳解析。每个解析被评估，并返回与文本片段具有最高匹配概率的结构化记录。

我们下面使用一个例子说明语义解析策略。

例 3.16 图 3-12 显示了我们示例文本片段的标记，使用了一个大的结构化数据库，该数据库包含表 3-5 中的记录。可以看到，三个不同的串 PNR、SFO 和 EWR 已经被标记与两个属性 Departure Airport 和 Arrival Airport 对应，因为这些都是有效的机场代码。在这个文本片段中，PNR 指的是乘客姓名记录，标记指示出了数据的模糊性。然而，文本片段中的字符串$355.55 未被标记，因为结构化数据不包含任何关于价格信息的属性。 91

⊖ 不将一个识别出的属性关联到任何值也是需要的，因为，文本片段可能不包含结构化数据中的所有属性，并且也可能包含结构化数据中没有的属性。

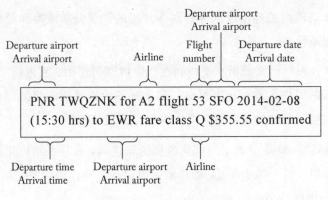

图 3-12 文本片段的标注

图 3-12 中显示的文本片段的标注有多种解析，由于简洁的文本片段具有模糊性。图 3-13 显示了两个合理的解析。该图顶部的那个合理解析的含义是属性 Departure Airport 与 SFO 对应、属性 Arrival Airport 与 EWR 对应。图底部所示的那个合理解析与上图正好相反。该图顶部的合理解析有属性 Airline、Flight Number Departure Time 的值。该图底部的合理解析没有这些属性的值；此捕获这些字符串如 A2、53 和 15:30 未必涉及结构化数据的可能属性。

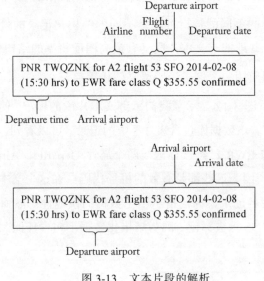

图 3-13 文本片段的解析

[Kannan et al. 2011] 提出了一个匹配函数，它可以提供一个文本片段与结构化记录之间匹配的概率得分。除了确保某些属性值的匹配，匹配函数还需要做到：ⅰ）惩罚超过缺失值的错配；ⅱ）学习这些属性之间的相对重要性。

对于前者准则，相似特征向量被用于确定相应属性的相似性级别，其中：

ⅰ）如果文本片段的属性值与结构化记录相匹配，则特征值是 1；对于数值（如 Departure Time），允许近似测量相似性。

ⅱ）如果属性值不匹配，则特征值是-1。

ⅲ）如果属性值缺失，则特征值是 0。

对于后者准则，用二元逻辑回归学习每个特征的权重，给定标记有好匹配和坏匹配的数据。逻辑回归学习是一个由相似特征矢量到二进制标签的映射。

例 3.17 继续例 3.16，在图 3-13 上方的合理解析是记录 r_{211} 的最优解析，属性 Airline、Flight Number、Departure Airport、Departure Date、Departure Time（允许数值近似）和 Arrival Airport 的相似特征向量的值为 1，所有其他属性的相似特征向量的值为 0。

类似地，图 3-13 底部的合理解析是表 3-5 中记录 r_{231} 的最优解析，属性 Departure Airport、Arrival Airport 和 Arrival Date 的相似特征向量的值为 1。

在这些中，记录 r_{211} 与文本片段有较高的匹配概率，所以它被返回。◀

3. 主要结果

[Kannan et al. 2011] 为了研究其特性，实验评估了匹配函数的几个变种，并且在确定产品类别中他们的技术获得了至少 85%的匹配精度。他们部署了系统用来匹配所有从 Bing Shopping 和 Bing product catalog 返回的所有报价。他们的主要结果如下。

1）他们观察到，许多种产品的分类价格与结构化数据的数据质量和非结构化产品报价之间呈正相关。具体地，产品类别没有达到期望精度阈值 85%，属于低价格类别（如，accessories）。

2）他们表明，相比于假设特征权重相同，如果学习每个特征的权重，可以提高匹配函数的质量。这种情况在低数据质量的存在下更是如此，如几个特征的某些组合提供假匹配。

3）他们表明当区别对待缺省属性与不匹配值时，F 值有一个显著增益。对于低经济价值的类别尤其如此，缺省属性是比较常见的情况。

4）最后，它们提供的证据证明了他们方法的可扩展性，特别是与分块函数联合使用的，其中，i）它们使用一个分类器将产品报价分类为类别报价，并限制同一类别中产品规格的匹配；ii）他们选定的候选对象至少有一个高权重特征。

93

3.5 应对真实性挑战

不同数据源提供的同一领域中实体记录经常用不同方式表达相同属性值，一些提供错误值，并且在不同时间点的实体记录，某些错误值可能是过期值。记录链接寻求记录划分成聚类和标识指代相同实体的记录，尽管一个值有多种表示，属性值存在错误和过期。解决冲突并确定正确的值的每个实体的属性的任务是在数据融合阶段进行（详细地在第 4 章中描述），它在记录链接之后执行。

虽然任务的分离可以让先进的方法独立处理这些任务，但是记录中的错误值和过期值可能会影响记录链接的正确性。本节我们提出了两种记录链接技术以解决真实性挑战：一种专注于过期值，另一种有效地处理错误值。

3.5.1 时态记录链接

在本节中，我们介绍[Li et al. 2011]提出的技术，它使用实体随着时间演化的模型确定过期的属性值确保时态记录的链接。后续[Chiang et al. 2014a, Chiang et al. 2014b]详细介绍了概率模型来捕捉实体演化，并提出更快的算法处理时态记录链接。

1. 挑战&机遇

我们首先使用以下的例子说明时态记录链接面临的挑战。然后，我们着重强调时态记录链接的新机遇。

例 3.18 再次考虑 Flights，但这一次考虑旅客飞行数据，如表 3-6 所示。

表3-6　旅客飞行信息

	Name	Profession	Home Airport	Co-travellers	Year
r_{260}	James Robert	Sales	Toronto	Brown	1991
r_{270}	James Robert	Engineer	San Francisco	Smith, Wesson	2004
r_{271}	James Robert	Engineer	San Francisco	Smith	2005
r_{272}	James Michael Robert	Engineer	San Francisco	Smith, Wollensky	207
r_{273}	James Michael Robert	Engineer	New York	Smith, Wollensky	2009
r_{274}	James Michael Robert	Manager	New York	Wollensky	2010
r_{280}	Robert James	Programmer	Chicago	David, Black	2004
r_{281}	Robert James	Programmer	Chicago	Black	2006
r_{282}	Robert James	Manager	Chicago	Larry, David	2008
r_{283}	Robert James	Manager	Seattle	John, David	2008
r_{284}	Robert James	Manager	Seattle	John, Long	2009
r_{285}	Robert James	Manager	Seattle	John	2010

表中涉及三个实体的 12 条记录，其中实体编号用浅灰、深灰、灰三种颜色标示。记录 r_{260} 描述 E_1：1991 年时 James Robert 是 Toronto 的 sales。记录 $r_{270} \sim r_{274}$ 描述 E_2：James Michael Robert，2004 年是 San Francisco 的 engineer，2009 年移居 New York，2010 年升为 manager，在 2004～2005 年使用了名字的简写，这种变化用灰色标示。最后，记录 $r_{280} \sim r_{285}$ 描述 E_3：Robert James，2004 年是 Chicago 的 programmer，2008 年升为 manager，同年移居 Seattle。每一个记录还列出了共同旅行者的名字。记录的聚类随实体的演化对应于现实中的真实情况，如图 3-14 所示。

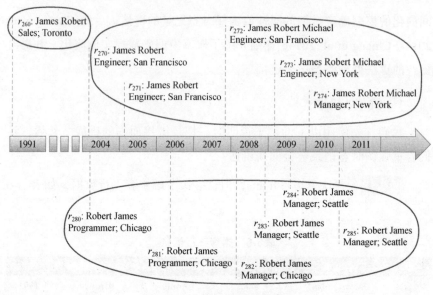

图 3-14 实体解析的真实结果

95

如果链接是基于 Name、Profession 和 Home Airport 值的高度一致执行的，则实体 E_2 和 E_3 涉及这些属性的记录可能被分割。这种记录的聚类如图 3-15 所示。

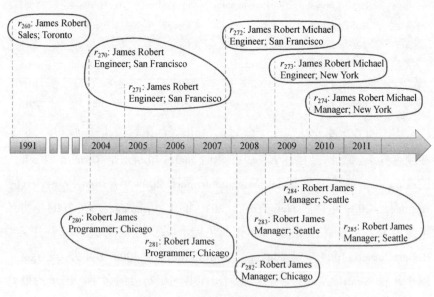

图 3-15 具有高度值一致性的链接

最后，如果仅以 Name 的高度相似来决定链接，则实体 E_1 和 E_3 的所有记录以及 E_2 的一些记录可能需要合并，因为他们的名字共享相同的词。这种记录的聚类如图 3-16 所示。

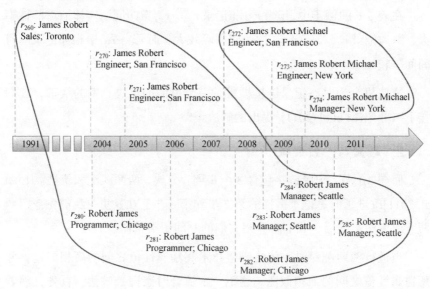

图 3-16　仅具有名字相似性的链接

在不考虑实体随时间演化的情况下，获得所需记录的聚类是相当具有挑战性的工作。 ◄

尽管时态记录的链接面临着很多挑战，但是，时间信息也提供了额外的机会。

- 首先，实体通常平滑演化，在任何给定的时间，实体只有几个属性值发生变化。

再考虑表 3-6 中的例子。2009 年，E_2 改变了他的 Home Airport，但是他的 Profession 和 Co-travellers 没变；第二年 E_2 改变了他的 Profession，但他的 Home Airport 仍然相同，Co-travellers 也有重叠。

- 第二，实体随时间的演化通常不会不稳定。

在表 3-6 的例子中，从图 3-16 看，记录 r_{270}、r_{280}、r_{271}、r_{281}、r_{282} 不可能指代相同实体，因为一个人的职业多年中来回改变是不太可能的。

- 第三，一般情况下，数据集是比较完整的，指向真实世界同一实体通常（尽管不是必须）是连续观察的，或者相邻记录的时间间隔相似。

在表 3-6 的例子中，记录 r_{260} 和记录 r_{270}~r_{274} 指向同一实体的可能性不大，因为记录 r_{260} 和记录 r_{270} 的时间间隔较大，而 r_{270}~r_{274} 中相邻记录的时间间较小。

这些机会为时态记录链接提供了一个可能的解决方案的线索，我们接下来介绍[Li et al. 2011] 提出的解决策略。

2. 歧义与一致衰减

回顾 3.1 节，记录链接包含 3 个步骤：分块、两两匹配和聚类。[Li et al. 2011]改进了时态记录链接的第 2 步和第 3 步。在这里，我们先介绍两两匹配方法；随后，我们将介绍它们的时间聚类策略。

当进行两两配对时，传统链接技术奖励属性值之间的高相似性，并惩罚属性值之间的低相似性。这不一定适合时态记录链接。首先，随着时间的流逝，实体的属性值可能演变。例如，在表 3-6 中，实体 E_2 和 E_3 的 Profession 和 Home Airport 属性值随时间发生了变化。第二，随着时间的流逝，不同的实体越来越有可能共享同一个属性值。例如，在表 3-6 中，记录 r_{260} 和 r_{270} 共享相同的名字，即使他们 13 年后指向不同的人。

[Li et al. 2011]的一个关键亮点是时间衰减的概念，通常在数据分析中使用以减少较旧记录对分析结果的影响[Cohen and Strauss 2003]。衰减这个概念可以有效地用于捕获属性值随时间演变的效应。他们提出了两种类型的衰减，歧义衰减和一致衰减，定义如下。

定义 3.2 [Li et al. 2011]   考虑一个属性 $A \in \mathcal{A}$ 和一个时间间隔 ΔT。A 在 ΔT **歧义衰减**表示为 $d^{\neq}(A, \Delta T)$，它是一个实体在 ΔT 时间内 A 值变化的概率。

定义 3.3 [Li et al. 2011]   考虑一个属性 $A \in \mathcal{A}$ 和一个时间间隔 ΔT。A 在 ΔT **一致衰减**表示为 $d^{=}(A, \Delta T)$，它是两个不同的实体在 ΔT 时间内拥

有相同的 A 值的概率。

很容易看出，歧义衰减和一致衰减都在[0,1]，并且是关于第 2 个参数 ΔT 的单调非递减函数。直观上，歧义衰减用来在较长的时间段内减少惩罚值的不一致，而一致衰减用来减少奖励值的一致性。更正式地，这可以用两个记录 R_1 和 R_2 之间的对相似度来定义：

$$\text{sim}(R_1,R_2)=\frac{\sum_{A\in A}dw_A\big(s(R_1.A,R_2.A),\Delta T\big)\cdot s(R_1.A,R_2.A)}{\sum_{A\in A}dw_A\big(s(R_1.A,R_2.A),\Delta T\big)}$$

其中，$dw_A(s(\ ),\Delta T)$ 表示属性 A 的衰减权重，$s(\ )$ 表示属性 A 值的相似度，时间间隔 $\Delta T=|R_1\cdot T-R_2\cdot T|$。当值的相似度 $s(\ )$ 较低时，$dw_A(s(\ ),\Delta T)$ 设置为 $w_A\cdot\big(1-d^{\neq}(A,\Delta T)\big)$；当值的相似度 $s(\ )$ 较高时，$dw_A(s(\ ),\Delta T)$ 设置为 $w_A\cdot\big(1-d^{=}(A,\Delta T)\big)$，其中 w_A 是属性 A 的非衰减权重。

[Li et al. 2011]也介绍了从标记数据集学习歧义和一致衰减经验的方法。

接下来我们介绍如何利用歧义和一致衰减有效捕捉时间推移对属性值变化的影响。

例 3.19 （实体演化链接） 考虑表 3-6 的记录。设记录的相似度函数为 Name、Profession、Home Airport 和 Co-travellers 四个属性的加权平均相似度，非衰减权重分别取 0.4、0.2、0.2 和 0.2。采用 Jaccard 相似度作为值的相似度函数（两个集合的交集与并集的比率）。

在没有歧义或一致衰减的情况下，记录 r_{280} 和 r_{282} 的相似度等于 $(0.4\times1+0.2\times0+0.2\times1+0.2\times0.33)/(0.4+0.2+0.2+0.2)=0.666$。

这两个记录具有 4 年的时间间隔。假设值的相似性阈值下界是 0.25，上界是 0.75，学习到的歧义和一致衰减值如下：$d^{\neq}(\text{Profession},4)=0.8$（例如，一个人在 4 年之内改变职位的概率是 0.8），$d^{=}(\text{Name},4)=0.001$（例如，两个人在 4 年之内具有相同名字的概率是 0.001），$d^{=}(\text{HomeAirport},4)=0.01$（例如，两个人在 4 年之内来出现在同一家乡机场的概率是 0.01）。此外，假设没有不同歧义或一致衰减的 Co-travellers。然后，记录 r_{280} 和 r_{282} 的衰减相似度等于 $(0.4\times0.999\times1+0.2\times0.2\times0+0.2\times0.99\times1+0.2\times0.33)/(0.4\times0.999+$

$0.2 \times 0.2 + 0.2 \times 0.99 + 0.2) = 0.792$，这个值高于两个记录之间的非衰减相似度。◀

3. 时态聚类

我们现在描述[Li et al. 2011]的时态聚类策略。再加上歧义和一致衰减的细粒度两两匹配方法，它提供了时态记录链接的完整解决方案。

不同于传统的与时间无关的聚类技术，他们的主要直觉是记录的时间顺序往往能提供正确记录链接的重要线索。在表 3-6 中，例如，记录 $r_{270} \sim r_{272}$ 和 $r_{273} \sim r_{274}$ 有可能指的是相同的人，即使记录 r_{272} 和 r_{274} 之间的衰减相似性很低，因为记录 $r_{270} \sim r_{272}$（2004～2007 年）和 $r_{273} \sim r_{274}$（2009～2010 年）的时间段不重叠。另一方面，记录 $r_{270} \sim r_{272}$ 和 $r_{280} \sim r_{282}$ 很可能指的是不同的人，即使记录 r_{270} 和 r_{282} 之间的衰减相似性很高，因为记录交错且他们出现的时间高度重叠。

[Li et al. 2011] 提出了多种时态记录聚类方法，它按时间顺序处理记录并且随时积累证据用于全局决策。

- early binding 做一个期待决策，当它具有高的（衰减）记录相似性时创建一个新聚类或将记录与先前创建的聚类合并。
- late binding 比较一个记录与先前创建的聚类，并且计算一个合并概率，但是所有记录都处理后才做聚类决策。
- adjusted binding 增强 early 或 late binding，并通过将记录与后续创建聚类的比较调整聚类结果来改进。

4. 主要结果

[Li et al. 2011]解决了时态记录链接问题，并在现实世界的数据集上对其技术进行了实验评估，包括 DBLP 数据集。他们的主要结果如下。

1）衰减和时态聚类这两个关键部分对获得良好的链接结果都很重要，在 DBLP 数据集上与传统记录链接方法相比，F 值提高了 43%。

在基线方法中单独应用衰减能够很大程度上增加查全率，但它是以大幅度降低精确度为代价的。仅在基线方法中单独应用时态聚类的方法在聚类的过程中考虑了时间顺序和连续性计算，所以可以很大程度上增加查全率（虽然不如单独应用衰减增加的多）并且不降低精确度。共同应用这两个组件可以提供最佳的 F 值，可同时实现高精度和高查全率。

2）adjusted binding 被视为最好的时态聚类方法。

early binding 具有较低的精确度，因为它做局部决策来合并记录与已有聚类，而 late binding 具有较低的查全率，因为它在合并记录时采用保守策略，它具有高衰减相似度但具有低的非衰减相似度。adjusted binding 相比于前两种方法显著提高了查全率，它比较早期的记录与后来形成的聚类，没有太多的牺牲精确度。

3）最后，衰减和时态聚类结合的方法在 DBLP 疑难案件上获得了好的结果（如名为 Wei Wang 作者的记录），通常在 DBLP 所犯的固有错误。

3.5.2 具有唯一性约束的记录链接

在本节中，我们介绍建议[Guo et al. 2010]提出的记录链接技术，它在前面提到的两个情况有好的结果，即错误数据和相同属性值有多个表示的情况。

1. 挑战

我们首先使用以下的例子说明在这种情况下所面临的记录链接的挑战。

100

例 3.20 再次考虑 Flights 领域，但这一次考虑航空公司信息，如表 3-7 所示。10 个数据源 $S_{10} \sim S_{19}$ 提供 24 条记录，涉及两个实体，记录号用深灰和浅灰标示。代表性的变化被描述为灰色，错误值用粗体标示。

为了说明错误值可能会阻止正确的链接，一个简单的链接可以链接 r_{296}（由 S_{19} 提供）与 SmileAir Inc 记录，因为他们共享电话和地址，不能链接他们与 S_{16}、S_{17} 的 SA Corp 记录，更别说 SkyAir Corp 记录。如果能够意识到 r_{296} 混淆了 SkyAir 和 SmileAir，并且提供了错误值，则可以获得可能性较高的正确链接结果。

表3-7　航空公司列表

	Name	Phone	Address	Source
r_{206}	SkyAire Corp	× × ×-1255	1 Main Street	S_{10}
r_{207}	SkyAire Corp	× × ×-9400	1 Main Street	
r_{208}	SmileAir Inc	× × ×-0500	2 Summit Ave	
r_{216}	SkyAire Corp	× × ×-1255	1 Main Street	S_{11}
r_{217}	SkyAire Corp	× × ×-9400	1 Main Street	
r_{218}	SmileAir Inc	× × ×-0500	2 Summit Avenue	
r_{226}	SkyAire Corp	× × ×-1255	1 Main Street	S_{12}
r_{227}	SkyAire Corp	× × ×-9400	1 Main Street	
r_{228}	SmileAir Inc	× × ×-0500	2 Summit Avenue	
r_{236}	SkyAire Corp	× × ×-1255	1 Main Street	S_{13}
r_{237}	SkyAire Corp	× × ×-9400	1 Main Street	
r_{238}	SmileAir Inc	× × ×-0500	2 Summit Avenue	
r_{246}	SkyAire Corp	× × ×-1255	1 Main Street	S_{14}
r_{247}	SkyAire Corp	× × ×-9400	1 Main Street	
r_{248}	SmileAir Inc	× × ×-0500	2 Summit Avenue	
r_{256}	SkyAire Corp	× × ×-**2255**	1 Main Street	S_{15}
r_{257}	SmileAir Inc	× × ×-0500	2 Summit Avenue	
r_{266}	SA Corp	× × ×-1255	1 Main Street	S_{16}
r_{267}	SmileAir Inc	× × ×-0500	2 Summit Avenue	
r_{276}	SA Corp	× × ×-1255	1 Main Street	S_{17}
r_{277}	SmileAir Inc	× × ×-0500	2 Summit Avenue	
r_{286}	SkyAire Inc	× × ×-0500	2 Summit Avenue	S_{18}
r_{296}	SA Corp	× × ×-**0500**	**2 Summit Avenue**	S_{19}
r_{297}	SmileAir Inc	× × ×-0500	2 Summit Avenue	

101　　　为了阐明链接在这种情况下受益于全局证据，而不仅仅是局部证据，对于冲突的解决，假设所有的 SA Corp 记录已被正确地与其他 SkyAir Corp 记录链接；然后，事实 xxx-0500 由 SmileAir Inc 更多数据源提供，并进

一步证据表明，SkyAir Corp 是不正确的。　◀

2. 链接+融合

一般情况下，一个实体的一个属性可以具有多个值。然而，许多领域中，属性经常需要满足唯一性约束，也就是说，每个实体的一个属性至多具有一个值，并且每个值最多与一个实体相关联。（此硬约束可以通过允许少数例外放宽到软约束。）具有这些约束的属性如企业名称、电话、地址，等等，如表 3-7 所示。

[Guo et al. 2010]解决以下问题来增强记录链接的鲁棒性在面对有错误的属性值存在的情况：给定独立数据源 $\mathcal{S}$ 的集合和它提供的记录集合 $\mathcal{R}$，以及（硬或软）唯一约束集，i）划分 $\mathcal{R}$，将相同实体划分为一个子集，ii）发现真值（如果有的话）并且每个真值的不同表示满足唯一性约束。

他们提出了一种方法将记录链接与数据融合结合，以识别不正确的值，并从记录链接步骤中本身正确的值中区分出它们，从而获得更好的链接结果。为了这个目的，他们考虑了一个细粒度的两两匹配图，其中图中的节点表示单个属性值，边表示相关联的记录之间的二元关系，并标注提供这种关联的数据源。

定义 3.4 [Guo et al. 2010]　设定一组数据源 $\mathcal{S}$，它提供属性集 $\mathcal{A}$ 上的记录集 $\mathcal{R}$，k 个属性 $A_1,\cdots,A_k \in \mathcal{A}$ 的唯一性约束。$(\mathcal{S},\mathcal{R})$ 的 **k 部图编码** 是一个无向图 $G = \left(\overline{V_1},\cdots\overline{V_K},\overline{L}\right)$，这样：

- $\overline{V_i}, i \in [1,k]$ 中的每个顶点是一个属性 A_i，它由数据源 $\overline{S}$ 提供；
- 每条边 $\left(V_i, V_j\right) \in \overline{L}, V_i \in \overline{V_i}, V_j \in \overline{V_j}, i,j \in [1,k], i \neq j$ 表示至少存在记录 R 在属性 A_i 上有值 V_i 和属性 A_j 上有值 V_j；这条边上的标签是提供这条记录的所有数据源的集合。

例 3.21　图 3-17 展示了表 3-7 中数据集的 3 部图编码。

[Guo et al. 2010]解决问题的方法是通过以下两步自然编码 k 部图：i）聚类节点 $\overline{V_i}$，每个聚类表示 A_i 的唯一值，ii）聚类之间相关联的边，当且仅当它们属于 ε 中相同的实体。我们接下来介绍硬唯一性约束和软唯一性

约束的方法，接着讨论硬约束链接技术。

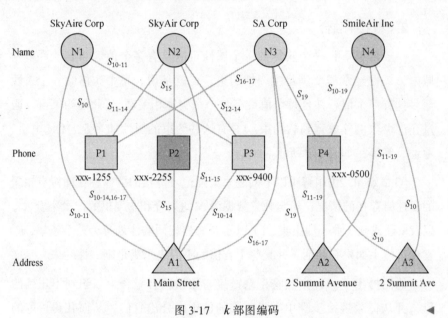

图 3-17　k 部图编码 ◀

例 3.22　图 3-18 展示了图 3-17 中 k 部图在硬唯一性约束下的解决方法。

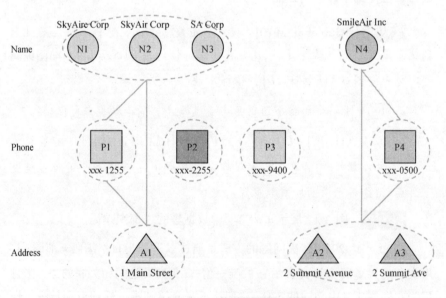

图 3-18　硬约束链接

需要注意的是，它已正确识别 N1、N2 和 N3 为相同名称的替代表示，并且 A2 和 A3 是同一地址的交替表示。在硬唯一性约束条件下，一个实体最多有一个名字、一个电话和一个相关联的地址，并且每个姓名、电话和地址最多可以与一个实体相关联。这可以识别错误值。因为最终聚类只有两个实体，电话 P2 和 P3 不与任何名称或地址相关联。◄

虽然我们跳过讨论软唯一性约束的链接技术，根据这些约束获得的结果示于图 3-19。注意，由于在此情况下某些实体可以有一个以上的属性值，电话 P1 和 P3 与同一实体相关联，因为有足够的证据可以说明存在输入记录能得到这种链接结果。

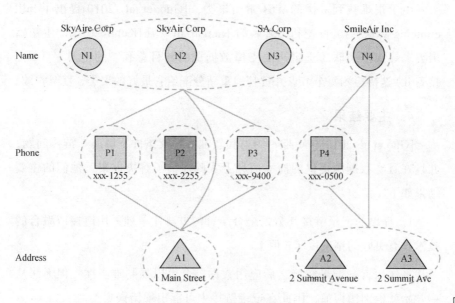

图 3-19　软约束链接

103
〜
104

3. 具有硬约束的链接

在硬唯一约束的例子中，[Guo et al. 2010]将问题转换为 k 部图聚类问题。对于这一聚类问题，他们使用了 Davies-Bouldin 索引[Davies and Bouldin 1979] (DB-索引)，以平衡高聚类内内聚和低聚类间的相关性。

正式地，给定一个聚类 $\mathcal{C} = \{C_1, \cdots, C_n\}$，它的 DB-索引定义如下：

$$Avg_{i=1}^{n}\left(\max_{j\in[1,n],j\neq i}\frac{d(C_i,C_i)+d(C_j,C_j)}{d(C_i,C_j)}\right)$$

其中 $d(C_i,C_j)$ 定义了 C_i 和 C_j 的距离。当 $i=j$ 时，距离是 C_i 内聚性的补；其他情况，距离是 C_i 和 C_j 相关性的补。它的目标是获得一个具有最小 DB-索引的聚类。

为了计算聚类距离，[Guo et al. 2010]取相似性距离与关联距离的平均值，相似性距离指相同属性的值的表示之间的距离，关联距离指不同属性的值的表示之间的距离。

由于很难找到最优的 DB-索引聚类，[Guo et al. 2010]提出了 hill climbing 算法，i）首先利用著名的 Hungarian 算法[Kuhn 2010]产生初始聚类来寻找强关联（选定边的支撑数据源的数目总和）的一对一匹配，接着 ii）迭待检测每个节点并贪婪地重新分配给它最好的聚类，直至收敛。

4. 主要结果

[Guo et al. 2010]在硬唯一约束和软唯一约束条件下解决了链接问题，并且在真实数据源提供的商家信息上实验评估了解决方案。他们的主要结果如下。

1）提出的记录链接和数据融合结合的方法比单独采用链接或融合的技术具有更好的精确度（F 值）。

具体而言，记录链接之后应用数据融合可以强制唯一性，但无法从一开始就识别错误值，因此在记录链接中可能出现错误聚类。

2）采用具有软约束的记录链接显著的提高了 F 值，因为真实的数据往往有例外的硬约束。

具体而言，使用硬约束可以得到良好的精确度，但这种方法的查全率低于软约束条件下的查全率。

3）最后，记录链接和数据融合结合的方法可以扩展，与使用简单的分块技术相结合，使得总执行时间与数据的大小呈线性增长。

第 4 章

大数据集成：数据融合

数据集成的第三个部分是数据融合。不同数据源在为同一实体的同一属性提供值时，可能产生冲突。这种冲突可能由分类错误、计算不正确、信息过期、语义解释不一致或者虚假信息引起。数据源之间的数据共享和复制加重了这种问题。以 2014 年 4 月 5 日从 EWR 起飞的 49 号航班的计划出发时间为例。数据源 Airline1 提供的值是 18:20，表示飞机离开登机口的时间（出发时间的标准定义）；数据源 Airfare4 提供的值是 18:05，是同一航班在 2014 年 4 月 1 日之前的出发时间。从中可以看到冲突或者不正确的数据给数据集成带来混乱、误导，甚至可怕的后果。数据融合的目标就是要找出反映现实世界的真实值。在这个例子中，我们希望能找到真实的出发时间 18:20，以便更好地安排行程计划。

相对于模式对齐和记录链接而言，数据融合是一个比较新的领域。从传统上说，数据集成主要是针对企业数据，这些数据一般比较干净，因此正如 4.1 节中所述，数据融合主要是基于规则的，而且研究的焦点集中在如何更好地提高处理效率上。

随着近期 Web 资源的快速增长和扩展，产生很多中低质量的数据，这直接导致 Web 上出现了大量的冲突数据。4.2 节针对大数据的真实性讲述几个改进的融合模型，这些模型通常适用于离线构建数据仓库。

4.3 节主要针对大数据的海量性进行离线融合和在线融合。对于离线融合问题，我们描述了一个基于 MapReduec 实现的改进模型。对于查询应答方面的在线融合问题，本书描述了在捕捉数据快速变化方面有优势的一个算法。它能根据检索的部分数据返回一个估计结果，并且能通过不断地从更多数据源获得数据来改善之前的结果。

4.4 节针对大数据的高速性引入了动态的数据融合。不同于静态世界假设，动态数据融合要考虑随着时间的推移世界的演化和真值的改变，同时不仅要尝试着考虑每个数据的正确性，还要考虑它在什么时间段内是正确的。

最后，如同之前的章节所展示的那样，不同数据源在模式和实体引用方面呈现出非常大的异构性，因此假设将高一致性的数据作为数据融合的输入是不安全的。4.5 节针对如何处理大数据中的多样性问题而展开，引入模式对齐和记录链接等多种技术来解决，同时全面解决了这些技术之间和不同数据源之间的不一致性。

4.1 传统数据融合：快速导览

本节在形式上给出数据融合问题的定义。4.3～4.5 节针对更复杂的应用来扩展该定义。

给定一个数据源集合 $\mathcal{S}$ 和一个数据项集合 $\mathcal{D}$，一个数据项代表现实世界中实体的一个特定方面，比如某个航班的计划出发时间；在关系数据库中，一个数据项对应于表中的一个单元。对于一个数据项 $D \in \mathcal{D}$，数据源 $S \in \mathcal{S}$ 可以（不是必须）给一个值，该值可以是一个原子值（比如航班出发时间），可以是一个值的集合（比如一组电话号码），也可以是一个值的列表（比如作者列表）。

对于一个数据项提供的不同取值来说，一个值与现实世界相符就认为是真的，其余就视为假。当取值是一个原子值的集合或者列表时，如果集合或者列表中的所有原子值都成立，同时集合或者列表是完全的（对于列表来说其顺序是要保持的），此时取值才能视为真。数据融合的目的是找到每个数据项 $D \in \mathcal{D}$ 的真实取值。

定义 4.1　设数据项的集合为 $\mathcal{D}$。设数据源集合为 $\mathcal{S}$，能为 $\mathcal{D}$ 中的数据项的子集提供取值。**数据融合**决定 $\mathcal{D}$ 中的数据项的真实取值。

例 4.1　给定表 4-1 中的 5 个数据源。它们提供了 2014 年 4 月 1 日 5 个航班的出发时间。

数据源 S1 提供了所有的正确时间。数据源 S2 提供了大部分的正确时间，但是有时会有错误输入（比如把 4 号航班的出发时间 21:40 错误地写为 21:49），有时也会由于内在的不一致原因而使用了起飞时间（比如 1 号航班的时间 19:02 变为 19:18）。数据源 S3 没有更新它的数据，仍然提供了 2014 年 1 月 1 日到 2014 年 3 月 31 日时间段内的计划出发时间。数据源 S4 和 S5 复制了数据源 S3 的数据，但是 S5 复制错了一个数据。

数据融合的目标就是要找出每个航班的正确出发时间，也就是数据源 S1 提供的时间。

108

表4-1　5个数据源提供的5个航班的计划出发时间。
错误值用斜体表示，仅S1提供的值都为真

	S1	S2	S3	S4	S5
Flight 1	17:02	*19:18*	19:02	19:02	*20:02*
Flight 2	17:43	17:43	*17:50*	*17:50*	*17:50*
Flight 3	9:20	9:20	9:20	9:20	9:20
Flight 4	21:40	*21:49*	*20:33*	*20:33*	*20:33*
Flight 5	18:15	18:15	*18:22*	18:22	*18:22*

早期的数据融合方法是典型的基于规则的方法，比如使用从最近更新的数据源得到的观测值，对数值型取平均值、最大值或最小值，或者应用投票机制来决定使用获得最多票数的数据源。这些方法关注于使用数据库

查询来提高融合效率（见 Bleiholder 和 Naumann（2008）的综述）。但是这些基于规则的融合方法正如下面所述，在大数据真实情境下会显得不足。

例 4.2　继续讨论上面的例 4.1，首先给定三个数据源 S1、S2 和 S3，对于除了 Flight 4 以外的所有航班，在这三个数据源提供的数据上通过多数投票寻找正确的出发时间。但是对于 Flight 4 来说，这些数据源会提供三个不同的时间，结果导致一个僵局。除非 S1 被认为是一个比其他数据源更准确的数据源，否则很难打破这个僵局。

下面引入另外两个数据源 S4 和 S5。当 S3 的数据被 S4 和 S5 复制后，投票策略就会认为这三个数据源的数据占大多数，从而会给出三个航班的错误的计划出发时间。除非发现了数据源的这种复制关系从而取消 S4 和 S5 的投票资格，否则正确的出发时间无法找到。　　◀

4.2　应对真实性挑战

正如例 4.2 中所看到的那样，在数据源质量不同和数据源间存在复制的情况下，基于规则的数据融合是不充分的。最近，针对大数据的真实性问题提出了很多改进方法。这些方法通过利用数据源的群体智能、识别可信数据源、检测数据源之间的复制等方法解决冲突和删除错误数据。这些典型的技术包括了如下三点中的全部或者部分。

真值发现：在冲突值中寻找为真的那个值。最基本的方法就是投票，可以在数据源间达成一致。本质上就是让数据源为自己给出的取值投一票，得票最多的取值（即多数数据源提供的取值）就视为真。

可信度评估：对每一个数据源，根据其提供数据的正确程度来评价它的可信度。由此可知，可信度越高的数据源应该获得更高的投票数，并且将其应用到投票过程中。

复制检测：在不同数据源间进行复制检测，复制值在投票中应采取折扣处理。

我们注意到评价数据源的可信度需要真值发现中获得的值的正确性知识，而为了获得更好的真值发现结果，数据源可靠性的知识允许对每一个数据源设置一个合理的投票数。所以这是一个鸡和蛋的问题。如下所示，复制检测需要值的正确性和数据源的可信度方面的知识，而其结果有助于真值发现，因此这也是一个鸡和蛋的问题。以上三个部分间相互依赖，因此将迭代地实施这三个过程，直至达到收敛或者达到一定数量的迭代以后停止。这个架构显示在图 4-1 中。

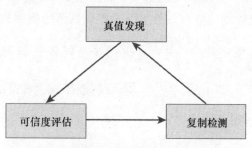

图 4-1　数据融合结构[Dong et al.2009a]

本章主要描述满足下述两个条件的核心案例的解决方案。

假值的均匀分布：每一个数据项在所属领域内存在多个假值，一个独立数据源对每个错误具有相同的出错概率。

分类值：对每一个数据项，当取值无法准确匹配时被视为完全不同。

4.2.5 节讨论如何扩展基本方法来放松这两个条件。

110

4.2.1　数据源的准确度

为了进一步的数据融合而建立的基本数据块可以用来评价数据源的可信度。可以有很多种方式来测量数据源的可信度。下面我们定义一个称为数据源准确度的方法[Dong et al.2009a]，它通过数据源提供真值的比例来衡量其可信度。数据源 S 的准确度记为 $A(S)$。由其定义可得，S 的准确度就是 S 提供真值的概率。

由于很多时候无法确定取值是否正确，所以数据源的准确度会由其提供真值的平均概率来计算（4.2.2 节会描述如何求解该概率）。一般定义 $\overline{V}(S)$ 为 S 提供的值。对每一个 $v \in \overline{V}(S)$，$\mathrm{Pr}(v)$ 表示 v 为真的概率。那么 $A(S)$ 可以如下计算：

$$A(S) = \mathrm{Avg}_{v \in \overline{V}(S)} \, \mathrm{Pr}(v) \tag{4.1}$$

好数据源需要与坏数据源相区别：一个数据源只有当其每一个数据项与任意特定假值相比更有可能提供真值时才被视为好数据源；否则，它就是坏数据源。假设 $\mathcal{D}$ 中的每一个数据项在一定范围内假值的数量是 n。那么在假值的均匀分布条件下，S 提供真值的概率是 $A(S)$，而取某个特定假值的概率是 $\dfrac{1-A(S)}{n}$。所以 S 是好数据源的判别条件就是 $A(S) > \dfrac{1-A(S)}{n}$，即 $A(S) > \dfrac{1}{1+n}$。本章剩余部分主要讨论好数据源，这对于定理的成立很重要。

例 4.3 表 4-1 中有 5 个数据源。对于数据源 S1，由定义可知其准确度是 $\dfrac{5}{5}=1$。假设其提供的 5 个数据的概率分别为 0.982、0.991、1、0.910 和 0.991。那么它的准确度通过公式（4.1）可知为 $\dfrac{0.982+0.991+1+0.910+0.991}{5}=0.97$，与其真实的准确度非常接近。 ◀

4.2.2 值为真的概率

现在来讨论如何计算一个值为真的概率。下面假设数据源相互独立，而 4.2.3 节会考虑数据源间的复制关系。直观地来看，该计算需要同时考虑有多少个数据源提供取值以及这些数据源的准确度。贝叶斯分析可以达成这一目的。

给定数据项 $D \in \mathcal{D}$。令 $\mathcal{V}(D)$ 为 D 的值域，包括一个真值和 n 个假值。令 $\overline{S_D}$ 为数据源在 D 上提供的取值。对每一个 $v \in \mathcal{V}(D)$，令 $\overline{S_D}(v) \subseteq \overline{S_D}$ 表示为 D 提供 v 的数据源集合（$\overline{S_D}(v)$ 可以为空）。令 $\Psi(D)$ 表示每一个 $S \in \overline{S_D}$ 对 D 提供的取值的观测值。

对于 $v \in \mathcal{V}(D)$，概率 $\mathrm{Pr}(v)$ 可以作为条件 $\Psi(D)$ 的后验概率来计算。回忆 $\mathcal{V}(D)$ 中的取值，其中有且仅有一个真值；所以，它们的概率之和应该为 1。假设每个值为真的先验置信度相同，那么由贝叶斯法则有 111

$$\mathrm{Pr}(v) = \mathrm{Pr}(v \ \mathrm{true} \mid \Psi(D)) \propto \mathrm{Pr}(\Psi(D) \mid v \ \mathrm{true}) \qquad (4.2)$$

在假设数据源独立的前提下，概率 $\mathrm{Pr}(\Psi(D) \mid v \ \mathrm{true})$ 可以由在 $\overline{S_D}(v)$ 中的每个数据源提供真值的概率乘积以及 $\overline{S_D} \setminus \overline{S_D}(v)$ 中每个数据源提供的观测假值的概率计算得出。对于前者，根据数据源准确度的定义可知其为 $A(S)$；对于后者，在假值的均匀分布的条件下可知其为 $\dfrac{1-A(S)}{n}$。所以有

$$
\begin{aligned}
\mathrm{Pr}(\Psi(D) \mid v \ \mathrm{true}) &= \prod_{S \in S_D(v)} A(S) \bullet \prod_{S \in S_D \setminus S_D(v)} \frac{1-A(S)}{n} \\
&= \prod_{S \in S_D(v)} \frac{nA(S)}{1-A(S)} \bullet \prod_{S \in S_D} \frac{1-A(S)}{n}
\end{aligned}
\qquad (4.3)
$$

在公式（4.3）中，$\displaystyle\prod_{S \in \overline{S_D}} \frac{1-A(S)}{n}$ 对所有取值是相同的。换句话说，

$$\mathrm{Pr}(v) \propto \prod_{S \in \overline{S_D}(v)} \frac{nA(S)}{1-A(S)} \qquad (4.4)$$

据此，一个数据源 S 的得票数定义为

$$C(S) = \ln \frac{nA(S)}{1-A(S)} \qquad (4.5)$$

一个取值 v 的得票数记为 $C(v)$，计算如下

$$C(v) = \sum_{S \in S_D(v)} C(S) \qquad (4.6)$$

本质上，数据源的得票数来自它的准确度，而取值的得票数是通过它的提供者的得票数计算而来的。一个获得更高得票数的取值正确的可能性更大。由公式（4.2）～公式（4.6）可以得到每个取值的概率计算公式如下：

$$\mathrm{Pr}(v) = \frac{\exp\big(C(v)\big)}{\displaystyle\sum_{v_0 \in \mathcal{V}(D)} \exp\big(C(v_0)\big)} \qquad (4.7)$$

下面的定理给出了公式（4.7）的三个优良特性。其指出更多的数据源或者更准确的数据源提供的取值更可能是正确的。

112

定理 4.1 [Dong et al. 2009a] 公式（4.7）具有如下性质。

1）如果所有的数据源都是好的并且有相同的准确度，那么当 $\overline{S_D}(v)$ 的大小增大时，$\Pr(v)$ 也增大。

2）$\overline{S_D}(v)$ 中除了 S 以外的所有数据源都固定，当 S 的 $A(S)$ 增大时，$\Pr(v)$ 增大。

3）如果存在 $S \in \overline{S_D}(v)$ 使得 $A(S)=1$，而且没有 $S' \in \overline{S_D}(v)$ 使得 $A(S')=0$，那么 $\Pr(v)=1$；如果存在 $S \in \overline{S_D}(v)$ 使得 $A(S)=0$，而且没有 $S' \in \overline{S_D}(v)$ 使得 $A(S')=1$，那么 $\Pr(v)=0$。

证明 这三个性质可以证明如下。

1）当所有的数据源有相同的准确度，它们有相同的得票数；当一个数据源是好的，它就会获得一个正的得票数。令 c 为得票数且 $\overline{S_D}(v)$ 的大小为 $\left|\overline{S_D}(v)\right|$，那么有 $C(v) = c \cdot \left|\overline{S_D}(v)\right|$ 会随着 $\left|\overline{S_D}(v)\right|$ 增长，同理 $\Pr(v)$ 与 $\exp(C(v))$ 成正比。

2）当数据源 S 的 $A(S)$ 增大时，$C(S)$ 也增大，而且 $C(v)$ 和 $\Pr(v)$ 也同样增大。

3）当数据源 S 的 $A(S)=1$ 时，$C(S)=\infty$ 且 $C(v)=\infty$，那么有 $\Pr(v)=1$。当数据源 S 的 $A(S)=0$ 时，$A'(S)=-\infty$ 且 $C(v)=-\infty$，则有 $\Pr(v)=0$。◀

注意到第一个性质实际上是对所有数据源具有相同准确度的投票策略的一个判断。第三个性质说明不建议给一个数据源分配过高或过低的准确度，而用数据源提供的取值的平均概率来定义数据源的准确度可以避免上述情况。

例 4.4 对于表 4-1 中的 S1、S2 和 S3，假定它们各自的准确度为 0.97、0.61、0.4。假设在取值范围内有 10 个假值（即 $n=10$），每个数据源的得票数计算如下：

$$C(\text{S1}) = \ln\frac{10 \times 0.97}{1-0.97} = 5.8; \quad C(\text{S2}) = \ln\frac{10 \times 0.61}{1-0.61} = 2.7; \quad C(\text{S3}) = \log\frac{10 \times 0.4}{1-0.4} = 1.9$$

下面来看 Flight 4 提供的 3 个值。值 21:40 由数据源 S1 提供且其得票数为 5.8，21:49 由数据源 S2 提供且其得票数为 2.7，20:33 由数据源 S3 提供且得票数为 1.9。在这三个取值中，21:40 的得票数最高，所以它最有可能是真的。事实上，它的概率为

$$\frac{\exp(5.8)}{\exp(5.8)+\exp(2.7)+\exp(1.9)+(10-2)\times\exp(0)}=0.914$$

113

4.2.3　数据源之间的复制关系

如果从一个共同的数据源（可以是 S1 或者 S2）那里直接或间接地获取数据中的同样部分，那么数据源 S1 和 S2 之间就存在了复制的情况。由此可知存在两种类型的数据源：独立数据源和复制数据源。

一个独立数据源会独立地提供所有的取值。由于一些现实中的不正确的知识、错误拼写等，它可能提供一些错误的值。

复制数据源则是从其他数据源（独立数据源或者复制数据源）复制了一部分（或者全部）数据。它可以通过并集、交集等运算来从多个数据源中复制数据，同时因为采用数据快照的方式，对一个特殊的数据项进行循环复制是不可能的。进一步说，复制数据源可能会修改一部分复制来的取值或者添加额外的取值；那么这种修改和补充的行为应该看作复制数据源的独立贡献。

在很多应用中是无法获知各个数据源之间是如何取得自己的数据的，所以复制行为通过数据快照的方式来发现。我们下面描述如何在一对数据源间发现复制行为以及如何应用该知识到真值发现。为了方便处理，在复制检测和真值发现中只考虑直接复制行为。4.2.5 节主要讨论如何将传递复制和副拷贝与直接复制区别开来。

1.　复制检测

在文本文档和软件程序中早已研究过复制检测[Dong and Srivastava 2011]，它们以最大文本片段的重用作为复制证据。对于结构化数据来说问题更加困难。首先，共享共同的数据本身不会意味着复制，因为准确

的数据源也可以共享很多独立提供的正确数据；从另一方面来说，没有共享很多普遍的数据也不意味着本身没有复制，因为一个复制数据源可能只复制了原始数据源的数据中的一个小片段。对于表 4-1 中的数据源，S3～S5 共享了 80%～100%的数据，而且它们之间存在复制行为；但是，S1 和 S2 也共享了 60%的数据，但是它们是独立的。其次，即使两个数据源是相关的，很多时候哪一个是复制数据源也并不明显。对于表 4-1 中的数据源，S3～S5 就很难搞清哪一个是原始数据源。

关于结构化数据，复制行为的检测基于两个重要的直观认识。第一，复制行为更有可能存在于那些共享不普遍值的数据源之间，因为当数据源独立时共享那些不普遍的值是典型的小概率事件。从数据的正确性考虑，如同每个数据项都存在单真值，却有多个不同的假值；所以，一个特殊的假值经常会是一个不普遍的取值，并且会因共享了大量的假值而显现出复制行为。在前面的例子中（表 4-1），在有了取值是否为真的知识的基础上，可以怀疑 S3、S4 和 S5 之间存在复制行为，这主要因为它们对三个数据项提供了相同的假值。相对而言，怀疑 S1 和 S2 之间也有类似情况的几率要小，因为它们只共享了真值。

第二，典型地一个数据源的随机子集会与全集有相同的性质。但是，如果数据源是一个复制数据源，它所复制的数据会具有与其独立提供的数据不同的性质。因此想要判断数据源间谁是复制数据源，可以看谁自己的数据与它和别人共享的数据之间有更明显的区别，那么它就更可能是复制数据源。

基于以上两点直观认识，[Dong et al. 2009a]提出一种贝叶斯模型，可以用来计算一对数据源间复制行为的可能性。模型给出了下面的三个假设。4.2.5 节主要讨论如何扩展该技术来解除以下的假设。

无相互复制行为。在一对数据源之间不存在相互复制行为；也就是说，S_1 复制了 S_2 或者 S_2 复制了 S_1，但两者不会同时发生。

数据项级独立。同一个数据源提供的不同数据项的数据，在给定此数据源的条件下是相互独立的。

独立的复制行为。发生在一对数据源间的复制行为是独立于其他数据源间发生的复制行为的。

假设 $\mathcal{S}$ 由两类数据源组成：良好的独立的数据源和复制数据源。给定两个数据源 $S_1, S_2 \in \mathcal{S}$。在无相互复制的前提假设下，存在三种可能的关系：S_1 和 S_2 独立，记为 $S_1 \perp S_2$；S_1 复制了 S_2，记为 $S_1 \to S_2$；S_2 复制了 S_1，记为 $S_2 \to S_1$。在给定观测值的前提下使用贝叶斯分析来计算 S_1 和 S_2 之间的复制行为的可能性，记为 Φ。

$$\Pr(S_1 \perp S_2 \mid \Phi) = \frac{\alpha \Pr(\Phi \mid S_1 \perp S_2)}{\alpha \Pr(\Phi \mid S_1 \perp S_2) + \dfrac{1-\alpha}{2} \Pr(\Phi \mid S_1 \to S_2) + \dfrac{1-\alpha}{2} \Pr(\Phi \mid S_2 \to S_1)}$$

$$(4.8)$$

此处，$\alpha = \Pr(S_1 \perp S_2)(0 < \alpha < 1)$ 为两个数据源间独立的先验概率。因为不存在复制方向的先验偏好，所以复制行为的先验概率对于两个方向各设置为 $\dfrac{1-\alpha}{2}$。

现在来考虑基于数据源间的独立性或者复制行为的条件下如何计算观测数据的概率。给定对于数据源 S_1 和 S_2 提供的取值的有关数据项，可记为 $\overline{D_{12}}$。由数据项级独立假设，对于每个单独的数据项，可以计算 $\Pr(\Phi|S_1 \perp S_2)$（$\Pr(\Phi|S_1 \to S_2)$ 和 $\Pr(\Phi|S_2 \to S_1)$ 的相似度）作为观测结果的概率值，对于数据项 D 可记为 $\Phi(D)$。

$$\Pr(\Phi \mid S_1 \perp S_2) = \prod_{D \in \overline{D_{12}}} (\Phi(D) \mid S_1 \perp S_2) \qquad (4.9)$$

这些数据项可以分为三种子集：$\overline{D_t}$ 表示 $S1$ 和 $S2$ 提供相同真值的数据项集合，$\overline{D_f}$ 表示它们提供相同假值的数据项集合，$\overline{D_d}$ 表示它们提供不同取值（$\overline{D_t} \cup \overline{D_f} \cup \overline{D_d} = \overline{D_{12}}$）的数据项集合。对数据项的每个类型 $\Phi(D)$ 的条件概率可按如下方式计算。 | 115 |

首先，考虑 S_1 和 S_2 独立（$S_1 \perp S_2$）的情况。因为真值是唯一的，所以 S_1 和 S_2 对数据项 D 提供相同真值的概率计算如下

$$\Pr\left(\Phi\left(D : D \in \overline{D_t}\right) \mid S_1 \perp S_2\right) = A(S_1) \cdot A(S_2) \qquad (4.10)$$

在假值的均匀分布的条件下，数据源 S 对数据项 D 提供特定假值的概率为 $\dfrac{1-A(S)}{n}$。因此对于数据项 D，S_1 和 S_2 提供相同假值的概率为

$$\Pr\left(\varPhi\left(D:D\in\overline{D_f}\right)\mid S_1\perp S_2\right)=n\cdot\frac{1-A(S_1)}{n}\cdot\frac{1-A(S_2)}{n}=\frac{\left(1-A(S_1)\right)\left(1-A(S_2)\right)}{n}$$

(4.11)

那么，S_1 和 S_2 在数据项 D 上提供不同取值的概率 P_d 为

$$\Pr\left(\varPhi\left(D:D\in\overline{D_d}\right)\mid S_1\perp S_2\right)=1-A(S_1)A(S_2)-\frac{\left(1-A(S_1)\right)\left(1-A(S_2)\right)}{n}=P_d$$

(4.12)

接下来，考虑 S_2 复制 S_1 的情况（等同于 S_1 复制 S_2 的情况）。假设复制方 S_2 以概率 c（$0<c\leqslant1$）复制了每个数据项。对于数据项 D，有两种情况可使 S_1 和 S_2 提供同样的取值 v。首先，S_2 从 S_1 那里以概率 c 复制了 v，而 v 为真的概率为 $A(S_1)$，其为假的概率为 $1-A(S_1)$。其次，两个数据源以概率 $1-c$ 来独立地提供 v，而该取值为真或者为假的概率与 S_1 和 S_2 相互独立的情况是一样的，所以有

$$\Pr\left(\varPhi\left(D:D\in\overline{D_t}\right)\mid S_2\to S_1\right)=A(S_1)\cdot c+A(S_1)\cdot A(S_2)\cdot(1-c)\qquad(4.13)$$

$$\Pr\left(\varPhi\left(D:D\in\overline{D_f}\right)\mid S_2\to S_1\right)=\left(1-A(S_1)\right)\cdot c+\frac{\left(1-A(S_1)\right)\left(1-A(S_2)\right)}{n}\cdot(1-c)$$

(4.14)

如果 S_1 和 S_2 提供不同的取值，S_2 必须提供独立的取值（概率为 $1-c$）且该值不同于 S_1 提供的值（概率为 P_d）。所以有

116

$$\Pr\left(\varPhi\left(D:D\in\overline{D_d}\right)\mid S_2\to S_1\right)=P_d\cdot(1-c)\qquad(4.15)$$

联合公式(4.8)～公式(4.15)，据此可以计算出 $S_1\perp S_2$，$S_1\to S_2$，$S_2\to S_1$ 的各种可能性。可以留意到公式（4.13）～公式（4.14）对于 $S_1\to S_2$ 和 $S_2\to S_1$ 是不同的；因此对于不同的方向会计算出不同的概率值。

结果公式有几个好的属性，这正好与本章前面谈到的直觉一致，其形式化描述如下。

定理 4.2 [Dong et al. 2009a]　令 k_t、k_f、k_d 分别为 $\overline{D_t}$、$\overline{D_f}$、$\overline{D_d}$ 的大小，令 $\mathcal{S}$ 为好的独立数据源和复制数据源的集合。公式（4.8）在 $\mathcal{S}$ 上有如下三个性质。

1）给定 $k_t + k_f$ 和 k_d，当 k_f 增大时，复制的概率（$\Pr(S_1 \to S_2 \mid \Phi) + \Pr(S_2 \to S_1 \mid \Phi)$）也会增大。

2）给定 $k_t + k_f + k_d$，当 $k_t + k_f$ 增大且 k_t 和 k_f 都不减小时，复制的概率增大。

3）给定 k_t 和 k_f，当 k_d 减小时，复制的概率增大。

证明　在假设每个数据源的准确度为 $1 - \varepsilon$（ε 可以是错误率）的前提下来证明这三个性质。证明过程可以容易地扩展到每个数据源有不同准确度的情况。

1）令 $k_0 = k_t + k_f + k_d$，则 $k_d = k_0 - k_t - k_f$。

$$\Pr(S_1 \perp S_2 \mid \Phi) = 1 - \left(1 + \left(\frac{1-\alpha}{\alpha}\right)\left(\frac{1-\varepsilon-c+c\varepsilon}{1-\varepsilon+c\varepsilon}\right)^{k_t}\left(\frac{\varepsilon-c\varepsilon}{cn+\varepsilon-c\varepsilon}\right)^{k_f}\left(\frac{1}{1-c}\right)^{k_0}\right)^{-1}$$

其中 $0 < c < 1$，且保证 $0 < \dfrac{1-\varepsilon-c+c\varepsilon}{1-c\varepsilon} < 1$ 和 $0 < \dfrac{\varepsilon-c\varepsilon}{cn+\varepsilon-c\varepsilon} < 1$。当 k_t 或 k_f 增大时，$\left(\dfrac{1-\varepsilon-c+c\varepsilon}{1-c\varepsilon}\right)^{k_t}$ 或 $\left(\dfrac{\varepsilon-c\varepsilon}{cn+\varepsilon-c\varepsilon}\right)^{k_f}$ 减小。因此，$\Pr(S_1 \perp S_2 \mid \Phi)$ 减小。

2）令 $k_c = k_t + k_f$，则 $k_t = k_c - k_f$。

$$\Pr(S_1 \perp S_2 \mid \Phi) = 1 - \left(1 + \left(\frac{1-\alpha}{\alpha}\right)\left(\frac{1-\varepsilon}{1-\varepsilon+c\varepsilon}\right)^{k_c}\left(\frac{\varepsilon(1-\varepsilon+c\varepsilon)}{(1-\varepsilon)(cn+\varepsilon-c\varepsilon)}\right)^{k_f}\left(\frac{1}{1-c}\right)^{k}\right)^{-1}$$

因为 $\varepsilon < \dfrac{n}{n+1}$，$\varepsilon(1-\varepsilon+c\varepsilon) < (1-\varepsilon)(cn+\varepsilon-c\varepsilon)$。所以，当 k_f 增大时，$\left(\dfrac{\varepsilon(1-c\varepsilon)}{(1-\varepsilon)(n-cn+c\varepsilon)}\right)^{k_f}$ 减小，从而 $\Pr(S_1 \perp S_2 \mid \Phi)$ 也减小。

3）因为 k_d 增大时，$\left(\dfrac{1}{1-c}\right)^{k_d}$ 会增大，所以 $\Pr(S_1 \perp S_2 \mid \Phi)$ 增大。◄

例 4.5　继续之前的例子。考虑 S1 和 S2 之间可能的复制关系。它们共享非假值（它们共享的所有数据值是正确的），所以复制行为是不可能的。若 $\alpha = 0.5, c = 0.8, A(S1) = 0.97, A(S2) = 0.61$，则贝叶斯分析如下。

从计算 $\Pr(\varPhi|S1 \perp S2)$ 开始。在 $D \in \overline{D_t}$ 情况下，$\Pr\big(\varPhi(D : D \in \overline{D_t})|S1 \perp S2\big)$ = 0.97×0.61=0.592。没有数据项在 $\overline{D_f}$ 中。令 P_d 表示概率 $\Pr\big(\varPhi(D : D \in \overline{D_d})|S1 \perp S2\big)$。所以，$\Pr(\varPhi|S1 \perp S2)=0.592^3 \times P_d^2 = 0.2P_d^2$。

接下来计算 $\Pr(\varPhi|S1 \to S2)$。当 $D \in \overline{D_t}$ 时，$\Pr\big(\varPhi(D : D \in \overline{D_t})|S1 \to S2\big)$ = 0.8×0.61+0.2×0.592=0.61。当 $D \in \overline{D_f}$ 时，$\Pr\big(\varPhi(D : D \in \overline{D_f})|S1 \to S2\big)=0.2P_d$。所以，$\Pr(\varPhi|S1 \to S2)=0.61^3 \times (0.2P_d)^2 = 0.009P_d^2$。同理，$\Pr(\varPhi|S2 \to S1)==0.029P_d^2$。

根据公式（4.8），$\Pr(S1 \perp S2|\varPhi)=\dfrac{0.5 \times 0.2P_d^2}{0.5 \times 0.2P_d^2 + 0.25 \times 0.009P_d^2 + 0.25 \times 0.029P_d^2}=$ 0.91，所以它们之间更有可能相互独立。　◀

2. 真值发现中考虑复制行为

之前的章节已经描述了如何判断两个数据源是否相关。但是，即使一个数据源从其他数据源复制而来，它本身也会独立地提供一些取值，所以完全忽略一个复制数据源并不妥当。相反，对每一个 D 上的取值 v 和它的提供者 $\overline{S_D}(v)$，复制数据源应该被识别并仅从独立提供者角度进行投票计数 $C(v)$。但是，如何决定哪个提供者以最好的概率复制了取值 v 并不容易，因为：1）在一对数据源间只可以计算出互相复制的概率而不是决定性的决策；2）复制数据源不可能复制每一个取值。理想情况下，可以枚举全部可能的复制关系，计算出在每个可能世界中 v 的投票计数，并且得到加权和。但是这样做会消耗指数级的时间，而且可以在多项式时间内估计出投票计数。

逐一考虑 $\overline{S_D}(v)$ 中的数据源。对于每个数据源 S，将已经判定过的数据源集合记作 $\overline{\text{Pre}}(S)$，而还未判定的数据源记为 $\overline{\text{Post}}(S)$。$S$ 独立于一个数据源 $S_0 \in \overline{\text{Pre}}(S)$ 提供 v 的概率为 $1-c\big(\Pr(S_1 \to S_0|\varPhi) + \Pr(S_0 \to S_1|\varPhi)\big)$。由此，将 S 独立于 $\overline{\text{Pre}}(S)$ 中的任意数据源提供 v 值的概率记为 $I(S, v)$，

计算如下

$$I(S,v) = \prod_{S_0 \in \overline{\mathrm{Pre}(S)}} \left(1 - c \left(\mathrm{Pr}(S_1 \to S_0 \mid \Phi) + \mathrm{Pr}(S_0 \to S_1 \mid \Phi) \right) \right) \quad (4.16)$$

但是需要指出的是，$I(S,v)$ 并不是 S 独立提供 v 的准确的概率值，因为 S 可能复制了 $\overline{\mathrm{Post}(S)}$ 中的数据源。可能会有两种可能。首先，如果这些数据源在测试中没有从任何数据源 $\overline{\mathrm{Pre}(S)}$ 中复制，那么它和 S 间复制行为的可能性仍然会被考虑进来，而这些投票计数本不应计入进来。况且，数据源的准确度是不同的，所以其投票计数的折扣也会不同。其次，如果这些数据源中的一部分复制于 $\overline{\mathrm{Pre}(S)}$ 中的数据源，且 S 实际上是间接复制来的，那么它的投票计数无法适当地打折。所以，对数据源排序来最小化这种错误会很必要。数据源排序可以通过贪心方式来实现。

|118|

1）如果 $S_1 \to S_2$ 的概率远远高于 $S_2 \to S_1$ 的，就认为 S_1 是 S_2 的复制数据源，该概率值为 $\mathrm{Pr}(S_1 \to S_2 \mid \Phi) + \mathrm{Pr}(S_2 \to S_1 \mid \Phi)$（假设不存在互相复制）并让 S_2 排在 S_1 之前。否则，把两个方向视为等可能的并且在 S_1 和 S_2 之间没有特定的顺序，即此种复制没有方向性。

对那些不存在特定顺序的数据源的每一个子集，按如下排序：第一轮排序中，选择与具有最大概率 $\mathrm{Pr}(S_1 \to S_2 \mid \Phi) + \mathrm{Pr}(S_2 \to S_1 \mid \Phi)$ 的无向复制有关的数据源；下一轮排序中，每次选择有最大概率的数据源，它来自之前选择的数据源之一。

最后，把值 v 的投票计数通过来自每个数据源的"独立部分"的原始投票计数（取决于数据源准确度）实现调整：

$$C(v) = \sum_{S \in S_D(v)} C(S) I(S,v) \quad (4.17)$$

例 4.6　考虑数据源 S1、S2 和 S3，它们对一个数据项提供相同的取值 v。假设 $c=0.8$，每对数据源间的复制概率为 0.4（每个方向为 0.2）。枚举所有可能世界的取值 v 的投票计数以 2.08 来计算。

下面来估计取值 v 的投票计数。同所有复制行为有相同的概率一样，数据源可以任意排序。考虑顺序为 S1、S2、S3 的情况。S1 的投票计数是 1，那么 S2 的为 $1-0.4\times0.8=0.68$，S3 的为 $0.68^2=0.46$。所以估计的投票计数为 $1+0.68+0.46=2.14$，非常接近实际值 2.08。　◀

下面的定理已经证明该估计具有可测量性和质量保证。

定理 4.3　[Dong et al. 2009a]　投票计数估计算法具有如下两个性质。

1）令 t_0 为一个取值的投票计数，该取值通过枚举所有可能世界来计算；令 t 为估计的投票计数，那么有，$t_0 \leqslant t \leqslant 1.5t_0$。

2）令 s 是给数据项提供信息的数据源的数量。在该数据项的所有取值的投票计数可以在时间复杂度 $O(s^2 \log s)$ 内估计出来。

证明

1）对于 m 个数据源，它们对一个取值进行投票，假设它们的排序为 $S_1,\cdots,S_m$。令 $\overline{D}$ 是复制关系中的一个子集，G 是关于 $\overline{D}$ 中复制的复制图。如果 G 包含节点 $S_i,S_j,S_k (1 \leqslant i < j < k \leqslant m)$，此处 S_j 依赖于 S_k，而 S_k 依赖于 S_i，估计（非正确的）由 S_j 投票计数；否则，近似计算 G 的正确投票计数。对 G 中任意三个结点，前面所述的情况发生的最大概率为 1/3（根据贝叶斯分析）。因此投票计数的估计概率会比理想中的要大，但最多为 1/3。所以，总的近似投票数的最大值为 $\dfrac{\frac{1}{3}}{1-\frac{1}{3}}=0.5$，要比理想的大些。

2）令 d 为数据源间复制关系的数量；$d \leqslant \dfrac{s(s-1)}{2}$。投票计数估计的瓶颈体现在数据源的排序上，这一过程要在已排序数据源和未排序数据源间通过迭代查找最大复制概率来实现。这可以通过堆排序在时间复杂度 $O(d \log d)$ 内完成，而时间复杂度为 $O(s^2 \log s)$。　◀

4.2.4　端到端的解决方案

算法 4.1 中描述了一种端到端的算法——AccuCopy。这个算法与图 4-1 中所示的结构是一致的。

　　算法 AccuCopy 开始时给每个数据源设置相同的准确度，每个取值的概率也相同，然后开始迭代 1）基于上一轮计算得到的值的概率来计算复制概率，2）更新值的概率，3）更新数据源准确度，直至数据源的准确度变得稳定后终止算法。要注意从开始就考虑复制至关重要。否则，一个已被复制多次的数据源会决定第一轮中的投票结果；随后数据源才考虑只与其他数据源共享"真"值，并且其复制很难检测到。但是，在第一轮中无法知道哪个取值是正确的。所以，公式（4.8）被用来计算以取值为真的条件下的概率和以值为假的条件下的概率，复制概率通过值真实性的先验来加权的平均值计算得到。

　　【算法 4.1】　　AccuCopy：考虑数据源间准确度和复制行为的真值发现

输入 $\mathcal{S},\mathcal{D}$
输出：数据源 $\mathcal{D}$ 中的每个数据项的真值
1　设置每个数据源的默认精度
2　**while** 数据源精度改变 && 决定真值时没有波动 **do**
3　　根据公式（4.8）～公式（4.15）计算每对数据源间发生复制的概率
4　　根据上面的结果对数据源排序
5　　根据公式（4.2）～公式（4.7）和公式（4.17）计算每个数据项的每种取值的概率
6　　根据公式（4.1）计算每个数据源的精度
7　　**forall** $D \in \mathcal{D}$ **do**
8　　　数据源 D 的所有取值中，选择具有最高投票数的那个作为真值
9　　**endfor**
10　**endwhile**

$\boxed{120}$

　　如果数据源准确度被忽略（比如所有数据源有相同的准确度），可以证明算法 AccuCopy 会收敛。

　　定理 4.4　[Dong et al. 2009a]　令 $\mathcal{S}$ 为好的独立数据源与复制数据源的集合，它们为给 $\mathcal{D}$ 中的数据项提供信息。令 l 为 $\mathcal{D}$ 中数据项的数量，n_0 是 $\mathcal{S}$ 提供给数据项的取值的最大数量。如果忽略数据源准确度，那么在 $\mathcal{S}$ 和 $\mathcal{D}$ 上，AccuVote 算法最多用 $2ln_0$ 轮就可以收敛。

　　证明　如果数据项 D 的真值判定在取值 v 和 v' 间来回更改，那么对每一次摇摆，都会比上一次摇摆时引起更多的数据项上发生判定改变。$\mathcal{D}$ 中的数据项数量是有限的，所以算法肯定会收敛。◀

　　一旦考虑数据源的准确度，AccuCopy 可能无法收敛：当不同的取值

被选为真值时，在两个数据源之间复制方向可能会改变，而且反过来也会提供不同的真值。在检测决定真值的摇摆之后或者在一定轮次数量之后可以停止处理。每一轮的计算复杂度为 $O(|\mathcal{D}\|\mathcal{S}|^2 \log|\mathcal{S}|)$。

例 4.7　　再来看之前的例子。图 4-2 给出了复制的概率，表 4-2 给出了每个数据源的计算准确度，表 4-3 给出了 Flight4 和 Flight5 计算出的取值的概率。

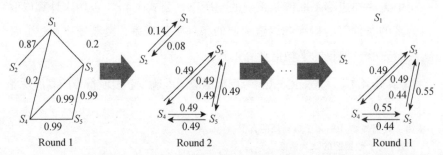

图 4-2　AccuCopy 在样例上计算得到的复制可能性[Dong et al.2009a]。数据源 S 到 S' 的箭头表示 S 复制自 S'。只有当双向的复制概率之和大于 0.1 时才被显示为复制行为。

表4-2　AccuCopy计算的数据源的准确性

	S1	S2	S3	S4	S5
Round 1	0.52	0.42	0.53	0.53	0.53
Round 2	0.63	0.46	0.55	0.55	0.41
Round 3	0.71	0.52	0.53	0.53	0.37
Round 4	0.79	0.57	0.48	0.48	0.31
⋮					
Round 11	0.97	0.61	0.40	0.40	0.21

表4-3　计算出的样例中Flight4和Flight5的计划出发时间的投票计数

	Flight4			Flight 5	
	21:40	21:49	20:33	18:15	18:22
Round 1	3.69	3.69	4.57	4.81	4.57
Round 2	2.38	1.98	3.00	4.01	3.00
Round 3	2.83	2.14	3.10	4.97	3.10
Round 4	3.20	2.38	3.00	5.58	3.00
⋮					
Round 11	5.78	2.75	2.35	8.53	2.35

最初，算法 AccuCopy 的第 1 行设置了每一个数据源的准确度为 0.8。由此，第 3 行计算了数据源之间的复制概率，如图 4-2 的左边所示。再来考虑复制，第 5 行计算了值的置信度；例如，对于 Flight4，取值 21:40 和 21:49 的置信度计算结果为 5.30，而取值 20:33 的置信度则为 6.57。接下来的第 6 行根据计算的取值概率更新了每一个数据源的准确度，分别为 0.52、0.42、0.53、0.53、0.53；在下一轮计算中会使用更新后的准确度。

从第 2 轮计算开始，S1 准确度较高而且有更高的投票计数。在之后的轮次中，AccuCopy 会逐步增加 S1 的准确度并降低 S3～S5 的准确度。在第 4 轮中，AccuCopy 会确定 21:40 是 4 号航班计划出发的准确时间，并且会找出所有航班的正确计划出发时间。最后，AccuCopy 在第 11 轮终止，而其计算的数据源准确度也会收敛到期望值（分别为 1、0.6、0.4、0.4、0.2）。

| 122 |

4.2.5　扩展性和适应性

1．真值发现的扩展

首先，本章开始描述的两个核心样例的条件在真值发现中可以按照如下方式放松。

假值的均匀分布。事实上，一个数据项的假值不可能是均匀分布的；例如，一个过期值或者一个与真值相似的值，它们可能比其他数据取值更普遍。Dong et al.[2012]通过考虑每个取值的流行性来拓展基本模型。

令 $\text{Pop}(v|v_t)$ 表示 v 在所有假值中的流行性，其条件为 v_t 是正确的取值。那么数据源 S 提供正确取值的概率仍记为 $A(S)$，但是 S 提供一个特殊的不正确值 v 的概率变为 $(1-A(S))\text{Pop}(v|v_t)$。源于贝叶斯分析，一个数据源的投票计数和它的取值 v 可以如下计算。仍让 $\overline{S_D}$ 表示提供数据项 D 的数据源集合，且 $\overline{S_D}(v)$ 表示在 D 上提供取值 v 的数据源集合。

$$C(S) = \ln \frac{A(S)}{1 - A(S)} \qquad (4.18)$$

$$C(v) = \sum_{S \in \overline{S_D}(v)} C(S) - \rho(v) \qquad (4.19)$$

$$\rho(v) = \left|\overline{S_D}(v)\right| \ln\left(\left|\overline{S_D}(v)\right|\right) + \left(\left|\overline{S_D}\right| - \left|\overline{S_D}(v)\right|\right) \ln\left(\left|\overline{S_D}\right| - \left|\overline{S_D}(v)\right|\right) \qquad (4.20)$$

值的相似度。[Dong et al. 2009a] 通过考虑值的相似度来扩展基本模型。令 v 和 v' 是两个相似的值。直观地，投票给 v' 的数据源也会隐含地投票给 v，并且应该计入 v 的投票计数。例如，给出 21:49 作为起飞时间的数据源可能实际上意味 21:40，而且应该记为 21:40 的潜在的投票方。

形式化后，令 $\mathrm{sim}(v, v') \in [0, 1]$ 记为 v 与 v' 的相似度，它可以基于字符串的编辑距离、数字值的差等来计算。对数据项 D 中的取值计算投票计数之后，投票数可以根据数据源间的相似度来调整：

$$C^*(v) = C(v) + \sigma \cdot \sum_{v' \neq v} C(v') \cdot \mathrm{sim}(v, v') \qquad (4.21)$$

此处 $\sigma \in [0, 1]$ 是一个用来控制相似度影响的参数。调整后的投票计数可以用于之后轮次中的计算。

2. 测量数据源可信度的其他方法

已经有很多测量数据源可信度的方法，它们可以分为四类。

基于 Web 链接的方法　[Kleinberg 1999, Pasternack and Roth 2010, Pasternack and Roth 2011, Yin and Tan 2011]通过 PageRank 方法[Brin and Page 1998]来测量数据源的可信度和值的正确性。一个数据源提供一个值后会产生一个数据源和值之间的链接。一个数据源的 PageRank 用它提供的值之和来计算，反之一个值的 PageRank 用提供它的数据源之和来计算。

基于 IR 的方法　[Galland et al. 2010]用提供的值和真实值的相似度来测量数据源的可信度。可以使用信息检索中广泛接受的相似矩阵来测量，比如余弦相似度。数据源的可信度从提供的取值和推理出的真实值间的余弦相似度来计算。值的正确性由数据源的积累可信度来决定。

图模型方法　[Pasternack and Roth 2013, Zhao and Han 2012, Zhao et al. 2012] 应用概率图模型联合推导数据源的可信度和值的正确性。以 LTM[Zhao and Han 2012]为例，它提出了潜在真值模型，他们把数据源质量、值的真实性和数据的观测值作为随机变量来建模。

基于精确度/查全率的方法　[Pochampally et al. 2014, Zhao et al. 2012]在值为一个原子值的集合或者列表的情况下使用精确度和查全率（或者特异度和敏感度）来度量数据源可信。使用此种方法可以识别提供不正确原子值的不精确的数据源和丢失一些原子值的不完全的数据源。

3. 复制检测的扩展

最后，有几个复制检测的扩展方法，包括如何放松 4.2.3 节提到的假设。

考虑数据的其他方面。除了值的正确性之外，[Dong et al. 2010]讨论了从数据其他方面获取复制证据，比如数据的覆盖和数据的格式。如果两个数据源共享许多其他数据源无法提供的数据项，或者它们使用常见的罕见格式，那么这两个数据源存在复制关系。

相关复制。基本模型假设数据项级独立，但这不符合实际。可以想象一个复制数据源经常以两种模式之一来复制：1）复制一组实体在一组属性上的数据，称为实体复制；2）复制一组独立提供的或从其他数据源复制来的实体在某些属性上的数据，称为属性复制。例如，一个第三方数据源可能从航空公司网站上复制了航班信息，包括航班号、出发和到达时间（实体复制）；从相应的机场网站上复制出发和到达的登机口（属性复制）。[Blanco et al. 2010]和[Dong et al. 2010]讨论了如何区分复制检测中的这两种模式。

全局复制检测。前面提到的技术每次对一对数据源只考虑了局部复制检测。其实还可能发生联合复制和传递复制。例如，S_2 和 S_3 可能都复制于 S_1，所以它们是联合复制；S_4 可能复制于 S_2，所以它是传递复制于 S_1。在这个案例中，每对数据源间的复制可以看作局部复制。[Dong et al.

124

2010]讨论了如何应用全局复制来区分诸如直接复制、联合复制和传递复制等情况。

更广泛的数据源间的关联。 在一对数据源间除了直接复制外，数据源的子集也可能是相关的或不相关的。例如，一个数据源的子集可能对一些特殊属性使用了相同的语义，比如航班起飞时间和到达时间，它们就是相关的；使用不同的语义时，它们就是不相关的。[Pochampally et al. 2014]和[Qi et al. 2013]讨论了如何在数据源子集中检测此种更广泛的关联。

4. 主要结果

[Li et al. 2012]在 1.2.4 节中提到的股票和航班数据集上比较了[Dong et al. 2009a, 2012]，[Galland et al. 2010]，[Pasternack and Roth 2010]和[Yin et al. 2007]等提出的算法。该数据集公布在 http://lunadong.com/fusionDataSets.htm 网址上，其主要结果如下所述。

1）在股票数据集上，复制很少发生或主要发生在高质量的数据源之间，所有针对数据源准确度的模型明显优于朴素投票机制。在这些不同的模型间，4.2.1～4.2.2 节提供的模型结合值的相似性获得最高精确度0.93，比朴素投票机制高出 2.4%。

2）在航班数据集上，低质量数据源间存在很多复制，大部分针对数据源准确度的模型获得了比朴素投票机制低的精确度。从另一方面看，AccuCopy 明显地改善了朴素投票机制结果的精度，提高了 9.1%。

3）如果让数据源按照其质量递减的顺序逐步添加进来，当添加了所有数据源之后也没能获得最好的结果，但是只加入最高质量的数据源就可以。这也是选择最好数据源来完成集成的动机，我们将在 5.2 节中阐述。

4.3 应对海量性挑战

4.2 节中描述的融合算法假设融合是可以离线完成的。本节将针对大数据的海量性挑战来描述两方面的扩展。首先，4.3.1 节主要描述一个基于 MapReduce 的算法，它是针对数以百万计的数据项和数据源而言的。接下来，4.3.2 节介绍如何在问答时间内在线完成数据融合过程。

4.3.1　基于 MapReduce 框架做离线融合

对于百万级的数据项和数据源而言，顺序地构建数据融合的每个部分代价会非常大。一个自然的想法就是利用基于 MapReduce 的框架并行计算。回忆真值发现和可信度评价的复杂度，它们无论在数据项的数量还是数据源的数量都是线性的；基于 MapReduce 的框架可以非常有效地处理它们。从另外一方面看，复制检测的复杂度是数据源数量的平方级，这主要因为复制需要在每一对数据源间进行检测。[Li et al. 2015]研究了如何处理海量的复制检测；但是，并行成对处理百万级的数据源仍然是个开放问题。本小节的剩余部分集中讨论真值发现和可信度评价这两种数据融合技术。图 4-3 给出了在 MapReduce 上实现的算法的结构。

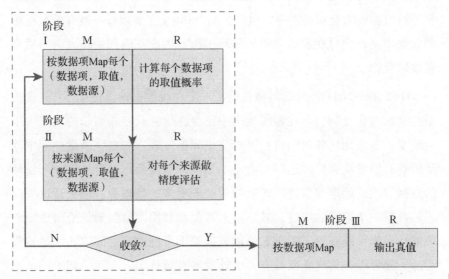

图 4-3　基于 MapReduce 实现的真值发现和可信度评价[Dong et al. 2014b]

126

主要分为三个阶段；每个阶段是一个 MapReduce 处理并以并行处理来实现。所提供的数据作为算法的输入，每一次都视作一个三元组（数据项，值，数据源）。

Ⅰ）Map 步骤分割出三元组中的数据项；Reduce 步骤对所有提供给相同数据项的值应用贝叶斯推理并计算每个值的概率。

Ⅱ）Map 步骤分割出三元组中的数据源；Reduce 步骤计算来自其自身取值概率的每个数据源的准确度。

Ⅲ）前两个阶段不断循环直至收敛。第三阶段输出结果：Map 步骤分割三元组中的数据项；Reduce 步骤选择有最大概率的取值作为融合结果的输出。

4.3.2　在线数据融合

到现在为止描述过的算法主要针对离线处理。在很多领域，数据的一部分会随时间推移频繁改变，比如航班的估计到达时间。对如此大量的数据、大规模的数据源和高频率的更新而言，频繁地执行脱机融合来跟上数据的更新是不可行的。相反，在查询应答时间内融合来自不同数据源的数据成为迫切的需要。但是，AccuCopy 需要运行在所有的数据源和数据项上，而且在收敛之前要循环多次，因此其时间消耗大，不适合在线融合。

[Liu et al. 2011]针对此问题提供了一个在线数据融合技术。它假设数据源准确度和复制关系在离线处理中已经评价并且在相当长的时间内不会改变。在查询应答时间内它可以完成真值发现。与在一个批处理中等待所有真值发现完成并返回所有结果不同，在线数据融合从第一个处理的数据源就开始返回应答，然后随着处理更多的数据源后来更新这些应答。对每一个返回的应答，基于检索数据和数据源质量知识给出正确的可能性。当系统获得了关于未处理数据源不可能改变返回应答的足够信心后，就可以提前终止而没有必要处理所有数据源。下面的例子展示了在查询应答时间内如何减少真值发现的延迟。

例4.8　图 4-4 显示了在 9 个数据源上如何来回答"49 号航班估计何时到达？"的问题。这些数据源提供了三个不同的答案，其中 21:45 是正确的。

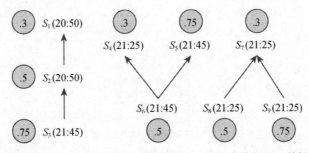

图 4-4　9 个数据源对 Flight49 的到达时间的估计。对每个数据源，其提供的结果展示在圆括号里，其准确率展示在圆圈中。从数据源 S 到 S′ 的箭头表示 S 从 S′ 中复制了数据　◀

表 4-4 给出了在线融合系统如何应答该查询。系统从探测 S9 开始，以概率 0.4 返回值 21:25（简述了如何排序数据源和计算概率的过程）。然后探测 S5，得到了一个不同的答案 21:45；作为结果，答案 21:25 的概率会下降。接下来，系统探测 S3 并再次得到 21:45，这使得其概率上升到 0.94；探测完 S4、S6、S2、S1 和 S7 之后都不会改变应答，最大概率先下降一些之后逐步上升到 0.98。此时，系统已经认定 S8 不会再对结果有任何影响了，因此终止探测过程。可以看到用户在系统探测了 3 个数据源之后就能够获得正确答案了，而不必等待完成所有 9 个数据源的探测。

|127|

表4-4　例4.8在各时间点的输出。时间是以展示为目的来安排

时间	输出			探测源
	答案	概率	概率范围	
Sec 1	*21:25*	0.4	(0,1)	S9
Sec 2	*21:25*	0.22	(0,1)	S5
Sec 3	*21:45*	0.94	(0,1)	S3
Sec 4	*21:45*	0.84	(0,1)	S4
Sec 5	*21:45*	0.92	(0,1)	S6
Sec 6	*21:45*	0.97	(0.001,1)	S2
Sec 7	*21:45*	0.97	(0.014,1)	S1
Sec 8	*21:45*	0.98	(0.45,1)	S7

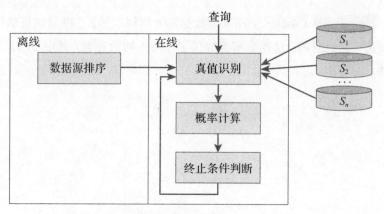

图 4-5　在线数据融合的结构[Liu et al. 2011]

如图 4-5 所示，该在线融合系统由 4 个主要部分组成：一个离线预处理部分——数据源排序，其余三个部分完成在线查询应答——真值判定、概率计算和终止判别。下面将介绍基于数据源准确度的真值发现的细节，假设所有数据源都是独立的并且提供全部数据项。[Liu et al. 2011]给出了增加考虑数据源覆盖度和复制关系的完整的解决方案。

1. 真值发现

来看在预排序中探测数据源。作为一个被探测的新数据源，需要增量地更新对每个已知应答的投票计数。在所有数据源独立的情况下，增量的投票计数是简单的：当一个新数据源 S 被探测时，将其投票结果 $C(S)$ 添加进其给出的投票计数的值中。返回拥有最大投票计数的值。

以表 4-4 为例，当查询完 S9 后，21:25 的投票计数更新为 3.4,并作为结果返回。当查询完 S1 后，21:45 的投票计数更新为 3.4，所以两者之一都可以作为返回值。

2. 概率计算

当值 v 作为应答返回时，要求返回期望概率和其值为真的概率区间。前面章节介绍了如何根据数据源集合 $\overline{S}$ 中已有的数据来计算一个值的概率，其记为 $\Pr(v|\overline{S})$。但是，在查询应答中有很多数据源没有被探测且无

法知道它们会提供哪些值,当期望概率和概率区间返回时,这些数据源 $\boxed{129}$ 需要被考虑进来。此问题可如下解决。

考虑 $\mathcal{S}\setminus\overline{S}$ 中那些不可见的数据源,将它们提供的可能值的所有可能世界记为 $W(\mathcal{S}\setminus\overline{S})$。对每一个可能世界 $W\in W(\mathcal{S}\setminus\overline{S})$,其概率为 $\Pr(W)$,而基于可能世界提供的数据,v 为真的概率记为 $\Pr(v\mid\overline{S},W)$。那么,v 的最大概率是通过最大化所有可能世界的概率得到的(与最小化概率相同),v 的期望概率是通过可能世界的概率加权求和得来的。它们形式化定义如下。

定义 4.2 (期望/最大/最小概率)[Liu et al. 2011]　令 $\mathcal{S}$ 为数据源的集合且 $\overline{S}\subseteq\mathcal{S}$ 为已探测的数据源。令 v 为一个特殊数据项的取值。v 的期望概率记作 $\exp\Pr(v\mid\overline{S})$,定义为

$$\exp\Pr(v\mid\overline{S})=\sum_{W\in W(\mathcal{S}\setminus\overline{S})}\Pr(W)\Pr(v\mid\overline{S},W) \tag{4.22}$$

v 的最大概率记作 $\max\Pr(v\mid\overline{S})$,定义为(与最小概率相似)

$$\max\Pr(v\mid\overline{S})=\max_{W\in W(\mathcal{S}\setminus\overline{S})}\Pr(v\mid\overline{S},W) \tag{4.23}$$

作为一个新的被探测数据源,其期望、最大、最小概率需要基于投票技术的有效计算来获得。枚举所有可能世界需要无法预知的时间,因此是不可行的。事实上,可以证明 v 的期望概率与 $\Pr(v\mid\overline{S})$ 相等。直觉上看就是一个未知数据源提供值 v 的概率或任何其他取值的概率取决于 v 为真的概率,这可由 $\overline{S}$ 中的数据计算得到;所以,未知数据源不会增加任何新的信息,因此也无法改变期望概率。

定理 4.5 [Liu et al. 2011]　令 $\mathcal{S}$ 为独立数据源集合,$\overline{S}\subseteq\mathcal{S}$ 为已探测数据源,v 为一个特殊数据项的取值。那么有,$\exp\Pr(v\mid\overline{S})=\Pr(v\mid\overline{S})$。

证明　根据值为真的概率来计算每个可能世界的概率,反之,值为真的概率是基于 $\overline{S}$ 上的观测值计算的。

$$\Pr(W) = \sum_{v \in \mathcal{D}(D)} \Pr(W \mid v) \Pr(v \mid \overline{S}) = \Pr(W \mid \overline{S})$$

很明显，W 和 v 在 $\overline{S}$ 上是条件独立的。根据期望概率的定义有

$$\exp \Pr(v \mid \overline{S}) = \sum_{W \in \mathcal{W}(\mathcal{S}-\overline{S})} \Pr(W) \Pr(v \mid \overline{S}, W)$$

$$= \sum_{W \in \mathcal{W}(\mathcal{S}-\overline{S})} \Pr(W \mid \overline{S}) \cdot \frac{\Pr(v, \overline{S}, W)}{\Pr(\overline{S}, W)}$$

$$= \sum_{W \in \mathcal{W}(\mathcal{S}-\overline{S})} \Pr(W \mid \overline{S}) \cdot \frac{\Pr(\overline{S}) \Pr(v \mid \overline{S}) \Pr(W \mid \overline{S})}{\Pr(\overline{S}) \Pr(W \mid \overline{S})}$$

$$= \sum_{W \in \mathcal{W}(\mathcal{S}-\overline{S})} \Pr(W \mid \overline{S}) \Pr(v \mid \overline{S}) = \Pr(v \mid \overline{S})$$

很明显，当所有未见的数据源都提供值 v 时，就会得到值 v 的最大概率。

定理 4.6 [Liu et al. 2011] 令 $\mathcal{S}$ 为独立数据源的集合，$\overline{S} \subseteq \mathcal{S}$ 为已探测过的数据源，v 为一个数据项 D 的值。令 W 是所有数据源 $\mathcal{S} \setminus \overline{S}$ 中在 D 上提供值 v 的可能世界。那么有 $\max \Pr(v \mid \overline{S}) = \Pr(v \mid \overline{S}, W)$。

获得值 v 的最小概率一定要求不存在未知数据源提供值 v。在其余值中，可以证明如果未知数据源提供了相同的值，且如果根据已探测的数据源可以肯定该值为真有最大概率，则 v 取最小概率。

定理 4.7 [Liu et al. 2011] 令 $\mathcal{S}$ 为独立数据源的集合，$\overline{S} \subseteq \mathcal{S}$ 为已探测数据源，v 为一个数据项 D 的值，且 $v_{\max} = \arg\max_{v' \in \mathcal{D}(D)-\{v\}} \Pr(v' \mid \overline{S})$。令 W 是一个在所有 $\mathcal{S} \setminus \overline{S}$ 上取值 $v_{\max}$ 的数据源的可能世界。那么有 $\min \Pr(v \mid \overline{S}) = \Pr(v \mid \overline{S}, W)$。

以表 4-4 为例。为了达到说明的目的，此处假设数据源独立（所以这里列出的数字与表 4-4 中的不同）。查询完 S9 和 S5 后，可以计算出 $\exp \Pr(21\!:\!45) = \frac{\exp(3.4)}{\exp(3.4)+\exp(3.4)+\exp(0)\times 9} = 0.43$。如果所有其他数据源提供 21:45，那么 21:45 就有 8 个提供者，而 21:25 只有一个；因此 $\max \Pr(21\!:\!45) = 1$。如果所有其他数据源提供 21:25，那么 21:45 只有一个提供者，而 21:25

有 8 个；所以 $\min\Pr(21:45)=0$。

3. 终止判别

一旦数据源被探测，结果常常在完成对所有数据源探测之前收敛。在这种情况下，可以早一些结束运算。所以对每一个数据项而言，在条件满足后检查终止条件并停止对其进行的数据检索。

为了确保探测更多的数据源已不会改变数据项 D 的返回值 v，应该在当且仅当对于每一个 $v'\in\mathcal{D}(D)$，$v'\neq v$，始终有 $\min\Pr(v)>\max\Pr(v')$ 时终止。但是，这个条件太严格以至于不好满足。有两种方法来放松条件：1）对每一个投票计数排名第二的值 v' 有 $\min\Pr(v)>\exp\Pr(v')$；2）对这样的 v'，$\exp\Pr(v)>\max\Pr(v')$。[Liu et al. 2011]给出了这些松弛条件可以得到更快的终止，而仅会牺牲很少结果的质量。

以表 4-4 为例，查询完 S7 之后，$\min\Pr(21:45)=0.45$，而 $\exp\Pr$ $(21:45)=0.02$。数据检索此时可以不必再探测剩余的数据源 S8 就可以终止了。

4. 数据源排序

算法假设将数据源的排序列表作为输入并且按给定探测数据源顺序。此时数据源应该照此排序：1）正确的应答能够尽早返回；2）数据检索能尽快终止。为了减少额外的运行时间，数据源排序离线完成。根据经验，当数据源独立时，数据源以准确度非递增排序。

5. 主要结果

[Liu et al. 2011]在一个图书数据集合上评价了在线数据融合算法，该数据集是[Yin et al. 2007]通过从网址 AbeBooks.com 搜索计算机科学类图书后抓取的。该数据集公开在网址 http://lunadong.com/fusionDataSets.htm 上，主要的结果如下所述。

1）[Liu et al. 2011]给出了一个查询应答信息系统，可以在前 100 个覆盖数据源上查询 100 部图书的信息。对于 90% 的图书查询结果在探测了 15 个数据源之后就可以返回了，探测 70 个数据源后结果就会稳定，大约探测 95 个左右的数据源后就会终止。图书的数量在开始时会随着结果（相应的稳定的结果或终止结果）迅速爬升然后变为水平。

2）在返回正确答案的数量方面，在开始时也是快速增长，稍后变为水平，但是会在探测最后 32 个数据源时下降，有些会有非常低的精确度。考虑复制性能优于只考虑精度，反过来只考虑精度性能优于朴素投票。

3）在各种终止条件中， $\min \Pr(v) > \Pr(v')$ 会比包含最高准确度（注意当数据源间独立时有 $\Pr(v') = \exp \Pr(v')$ ）的终止更快。

4）提供的数据源排序技术是有效的，且优于随机排序或按覆盖度的排序。

4.4 应对高速性挑战

到此处为止，数据融合中，值一直假设是静态的，即真值不会随时间发生变化且数据源也是静态的。但现实世界是动态的，例如，同一航班的计划起飞时间和到达时间可能会随时间而改变，可能会有新的航班，也可能会取消已有的航班。为了适应这种变化，数据源需要经常更新它们的数据。当数据源没能及时更新数据，就会产生失效的数据，也就是这些数据在过去一段时间内是真实的但不是最新的。本节将主要讨论如何扩展静态数据源的融合技术来应对大数据的高速性挑战。

注意到在线数据融合从某种程度上也解决了高速性挑战，但是它主要集中在如何找到当前真值上。本节则是要讲时态数据融合，其目标是随着时间的推移找到所有正确的取值和它们有效的历史时间段。

例 4.9　考虑表 4-5 中的数据源 S1～S3，它们提供了 5 个航班的信息。对同一架航班的计划起飞时间可能会随时间改变。例如，1 号航班计划在 1 月的 19:18 起飞，在 3 月的起飞时间则调整为 19:02。再如 3 月里 4 号航班是一架新航班，其计划起飞时间为 20:33；到了 9 月，它的计划起飞

时间调整为 21:40。数据源需要据此来更新自己的数据。例如，S3 从 2
月开始提供关于 1 号航班的信息，而且提供的正确计划时间为 19:18。在
经过 3 月的调整后，它被正确地更新为 19:02，直至 7 月。

表4-5 3个数据源对5个航班计划起飞时间的更新信息。斜体表示错误取值

	History	S1	S2	S3
1.	(Jan,19:18)	(Apr,19:02)	(Jan,19:18)	(Feb,19:18)
	(Mar,19:02)			(Jul,19:02)
2.	(Jan,17:50)	(Jan,17:50)	(Jan,*17:00*)	(Feb,*17:00*)
	(Sep,17:43)	(Oct,17:43)	(Feb,17:50)	(Mar,17:50)
			(Sep,17:43)	
3.	(Jan,9:20)	(Jan,9:20)	(Jan,9:20)	(Feb,9:20)
4.	(Mar,20:33)	(Apr,20:33)	(Sep,*21:49*)	(Jul,20:33)
	(Sep,21:40)	(Oct,21:40)		
5.	(Jan,18:22)	(Jan,18:22)	(Jan,*18:25*)	(Feb,*18:25*)
	(Jun,18:15)	(Aug,18:15)	(Mar,18:22)	(Jul,*18:22*)
			(Jul,18:15)	

在这种动态的情况下，引起数据错误的原因有很多种。首先，数据
源可能提供了错误值；例如，S2 在 9 月错误地提供了 4 号航班的出发时
间 21:49。其次，数据源可能更新自己的数据失败；例如 1 号航班调整时
间后，S2 没有据此更新自己的数据。最后，一些数据源可能没有及时更
新自己的数据；例如 1 号航班在 3 月调整了时间，但是 S3 直到 7 月都没
有更新自己的数据。

这不仅要求能找出当前正确的值，还要求找出正确值的历史信息及
其有效期。◀

形式化描述一下，数据项集合为 $\mathcal{D}$，每一项在每一特殊时刻 t 都有一
个值，且不同值可以与不同时间对应；如果 D 在 t 时刻不存在，那么就与
一个特殊值 ⊤ 对应。D 的生命周期定义为一个传递序列 $(tr_1, v_1), \cdots, (tr_l, v_l)$，
其中 1）l 为 D 的生命周期的阶段数量；2）D 的取值在时刻 tr_i 变为 v_i，
$i \in (1, l]$；3）对于每个 $i \in [1, l-1]$，$v_i \neq$ ⊤ 且 $v_i \neq v_{i+1}$；4）$tr_1 < tr_2 < \cdots < tr_l$。
在表 4-5 的第 1 列中展示了 5 个航班的计划起飞时间的生命周期。

考虑数据源集合 $\mathcal{S}$，每个为 $\mathcal{D}$ 中数据项提供值的数据源随时间推移

可以改变数据。由数据源提供的数据在不同时刻采样；通过与之前的采样值比较，可以推测出一个更新序列。采样点集合可以记为 $T = \{t_0, \cdots, t_n\}$，在时刻 t_i 的更新记为 $\bar{U}(S, t_i), i \in [0, n]$；作为一个特例，$\bar{U}(S, t_0)$ 包含取值 S，它由开始时 t_0 采样点获得。注意在 $\bar{U}(S, t_i), i \in [1, n]$ 中更新，可以在 $(t_{i-1}, t_i]$ 中的任意时刻发生，且更新可能会丢失，其在下一次采样之前会被覆盖；所以，频繁的收集可以避免过度信息。表 4-5 展示了数据源 S1～S3 的更新。

定义 4.3 （时态数据融合） 令 $\mathcal{D}$ 为数据项集合。令 $\mathcal{S}$ 为数据源集合，其中的每个数据源可以给 $\mathcal{D}$ 中的数据项子集提供值，且在采样时间点集合 T 中被采样。**时态数据融合**可以确定 $\mathcal{D}$ 中的每个数据项在 T 中的每一时刻的真值。

此问题的解决方法包含两个主要部分。首先，定义动态环境中数据源的质量度量；其次，使用贝叶斯分析来确定每一个数据项的生命周期。

1. 数据源质量

回想一下在静态数据中通过其准确度来衡量数据源质量的过程。在动态情况下，这个度量指标要更加复杂。理想情况下，当且仅当值变为真之后，一个高质量的数据源应该立即给一个数据项提供新值。这三个条件可以由三种测量得到：数据源的覆盖度衡量它所捕获（通过更新为正确的取值）的不同数据项的所有变迁的比例；精确度是数据源未能捕获（提供了一个错误值）的变迁的比例的补；新鲜度是时间 ΔT 的函数，衡量在所有捕获的变迁中，在时间 ΔT 内捕获的比例。这三个指标是正交的，合起来称为 CEF-measure。

表4-6 表4-5中数据源S1和S2的CEF-measures结果

数据源	覆盖度	精确度	新鲜度$F(0)$	新鲜度$F(1)$
S1	0.92	0.99	0.27	0.4
S2	0.64	0.8	0.25	0.42

表 4-6 给出了 CEF-measure 关于 S1 和 S2 的计算。可以看到 S1 有较高的覆盖度和精确度；在时间 $\Delta T = 0$ 内它捕获了 27% 的变迁（比如在同

一个月内），而在时间 $\Delta T = 1$ 内捕获了 40% 的变迁（比如下个月）。比较而言，S2 的覆盖度要低（比如它没有获取 1 号航班的更新），而精确度更低（比如对于 2、4、5 号航班，在一些采样点上它提供了错误的时间）；但是，它的新鲜度与 S1 相似。

2. 生命周期发现

考虑一个数据项 $D \in \mathcal{D}$。为了发现它的生命周期，每一次变迁的时间和取值都需要确定。这可以基于其提供者的 CEF-measure 进行贝叶斯分析得到。

1）首先，在 t_0 时刻确定 D 的取值；

2）然后，从 T 中找出 D 下一次变迁的最可能的时间点及最可能的取值，并重复这一处理直到确定不会再有更多的变迁。

最后，注意数据源间仍可能有复制关系且复制关系也会随着时间的推移而变化。[Dong et al. 2009b]介绍了如何使用 HMM 模型找到此种演变关系。

3. 主要结果

[Dong et al. 2009b]在一个旅馆数据集上评价了动态数据融合算法，该数据集包括了位于曼哈顿的超过 5000 家旅馆，用了 8 周时间从 12 个 Web 数据源抓取的数据。数据集公开在网址 http://lunadong.com/fusionDataSets. htm 上，其主要结果如下所述。

135

1）在这段时间段里，有 467 家旅馆被一些数据源标记为关闭，但其中实际只有 280 家关闭。我们提供的方法在识别关闭的旅馆时取得了 0.86 的 F-measure 值（精度为 0.86，查全率为 0.87）。相比较而言，确定所有这些旅馆关闭会有一个低的精度 0.60，而通过至少两个数据源来标记这些旅馆为关闭状态会有一个低的查全率 0.34。

2）在 66 对数据源中，[Dong et al. 2009b]识别出了 12 对拥有复制关系的数据源。

3）在人造数据集上的实验表明，考虑 CEF-measures 和复制行为都可以提高生命周期的发现。

4.5　应对多样性挑战

迄今为止所有的数据融合技术都假设模式对齐和记录链接都已完成且数据也完全一致。但是，这一假设在大数据的环境中太理想化了：数据融合的输入经常会包含来自模式对齐和记录链接导致的大量的错误。本节初步探索大数据多样性挑战。

数据融合的输入可以可视化为二维数据矩阵，如图 4-6 所示：每一行代表数据项，每一列代表数据源，每一个单元代表数据项上的数据源提供的取值。但是，因为模式对齐和记录链接中可能有错误，一个从数据源获得的（数据项，值）对可能不是由真实数据源提供。所以，引入一个第三维来表示抽取器，它可以完成模式对齐和记录链接，并从数据源中抽取（数据项，值）对。可以用不同的技术来完成对齐和链接；所以，对同一个数据源可以有多个抽取器。在三维输入矩阵中，每个单元是对应的抽取器从对应的数据源中对应的数据项里抽取来的。换句话说，一个（数据项，值）对不是必须通过一个数据源提供，但是肯定是通过一个抽取器从数据源中抽取而来的。数据融合的定义扩大至包含来自抽取器的可能错误。

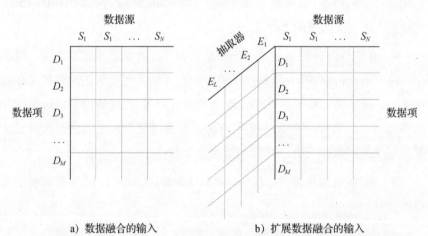

a) 数据融合的输入　　　　　　　　　　b) 扩展数据融合的输入

图 4-6　数据融合的输入是二维的，而扩展数据融合的输入是三维的

[Dong et al. 2014b]

定义 4.4　令 $\mathcal{D}$ 为数据项集合。令 $\mathcal{S}$ 为数据源集合，其每个数据源可以给 $\mathcal{D}$ 中的子集提供值。令 ε 为抽取器的集合，每个抽取器可以抽取通过 $\mathcal{S}$ 提供给 $\mathcal{D}$ 的取值。**扩展数据融合**决定 $\mathcal{D}$ 中的每个数据项的真值。

为了减少扩展数据融合的输入维度，[Dong et al. 2014b]考虑把每个（抽取器，数据源）对作为一个整体，取名为起源。拥有大量的起源表明（数据项，值）对或者由很多数据源支持，或者由很多不同的抽取器所抽取；所有的推测可能会增加其正确性的可信度。

另一方面，此方法的效率受到起源间相关性的限制，因为抽取器可能在不同的数据源上产生很多一般的错误。一个更好的方法是辩别由抽取器产生的错误和数据源提供的错误信息，反过来也使独立地评估数据源质量和抽取器质量成为可能。那么，在不同的数据源上可以通过相同的抽取器来识别可能的错误，同时避免仅从一对数据源提供，但由很多不同的抽取器抽取的错误的三元组所产生的偏置。这仍然是一个开放问题。

主要结果

[Dong et al. 2014b]在 1.2.6 节中提到的知识库上进行了实验，并指出传统数据融合技术可以解决扩展数据融合的问题。主要结果如下所述。

1）把（抽取器，数据源）看作一种来源，在解决扩展数据融合问题上获得了较好的结果。当它对（数据项，值）对计算的概率达到 0.9 之上时，真实的准确度也确实高（0.94）；当对（数据项，值）对计算的概率低于 0.1 时，真实的准确度也确实低（0.2）；当其概率处于[0.4, 0.6)中间时，真实的准确度（0.6）也很不错。

2）从另外一方面来看，把数据源和抽取器的叉积当作来源损失了一些重要的信号。图 4-7 给出了（数据项，值）对的准确度与知识库上来源数量间的关系。对于有相同来源数量的三元组，至少由 8 个抽取器抽取的三元组与由单个抽取器抽取的相比有更高的准确性（平均

137

70%以上）。

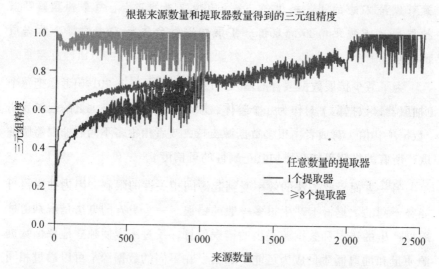

图 4-7　固定来源的个数，来自越多抽取器的（数据项，值）对越有可能为真
[Dong et al. 2014b]

第 5 章

大数据集成：出现的新问题

本书之前的章节清楚地指出，大数据集成在带来了重大的新挑战的同时，也带来了从大量数据源集成数据来获取价值的新的机遇。

在本章中，我们要提出一些新出现的问题和技术，它们对于 BDI 的成功与否非常重要。在 5.1 节中，我们介绍了利用众包的优势寻求人类帮助来应对数据集成中的挑战。接下来在 5.2 节中，我们展示的工作是当发现数据集成带来的成本问题后，需要权衡集成新数据源的潜在利益来判断哪些数据源值得去集成。最后，在 5.3 节我们将展示的工作是给用户提供基础服务，帮助他们通过与自己需要有关的数据来理解不熟悉的数据源。

5.1 众包的角色

众包系统从大众那里获取帮助来有效地解决各种各样的问题，这些问题对于人类而言非常容易，但是对于计算机而言却非常困难。在过去的十年中，众包系统在网络中无处不在。[Doan et al. 2011]对该新出现的领域进行了深度的综述，并给出了如下众包系统的定义。

定义 5.1 如果一个系统招募大众来帮助解决由系统使用者定义的问题，那么它就是**众包系统**，而且如果这样做，这个系统需要面对下面的 4 个基本挑战：如何招聘和留住用户？用户能做出什么样的贡献？如何把要解决的问题同用户的贡献结合在一起？如何评价用户和他们的贡献？

鉴于数据集成的挑战性的实质，针对各种数据集成任务的各种众包方法的出现也就成为很自然的事情了。在该领域的一个早期工作是 MOBS 项目[McCann et al. 2003, McCann et al. 2008]，它研究了如何协作地建立一个数据集成系统，特别是不同数据源间的模式对齐问题。更近一些，出现了很多聚焦于记录链接的众包工作[Wang et al. 2012, Wang et al. 2013, Whang et al. 2013, Demartini et al. 2013, Gokhale et al. 2014,Vesdapunt et al. 2014]。

在本节中，我们展示关于记录链接的众包领域内的几个突出的工作。5.1.1 节介绍一个混合人机交互方法，它众包小部分记录对从而最终获得所有候选记录对的匹配或非匹配的标记。5.1.2 节介绍第一个实现了记录链接任务的端到端工作流众包的方法。最后，我们概述了在这一领域的一些未来工作方向。

5.1.1 利用传递关系

[Wang et al. 2012]发现众包记录链接的朴素方法需要让人们决定每一对记录中的两个记录是否引用自同一个实体。对于一个有 n 条记录的表来说，这种朴素的方法变为复杂度为 $O(n^2)$ 的人类智能任务（Human Intelligence Task，HIT），但这是难以扩展的。取而代之，他们提供了一种混合人机交互的方法 CrowdER，它先使用计算技术（比如第 3 章中提到的方法）来舍弃那些匹配可能性很低的记录对，仅仅让人们去标记保

留的候选记录对是否匹配。

这种明显优于仅靠人来处理的方法，不利用记录链接满足传递关系的事实[Wang et al. 2013]。

积极传递关系。如果记录 R_1 和 R_2 指代同一个实体，且记录 R_2 和 R_3 也指代同一个实体，那么 R_1 和 R_3 也必然指代同一个实体。

注意，如果众包对不同记录对的标记是一致的，那么这些记录对由众包来标记的顺序并不重要：任意两对记录被人工地标记为匹配，则第三对标记可以由系统推导出为匹配。

消极传递关系。如果记录 R_1 和 R_2 指代同一个实体，但是 R_2 和 R_3 指代不同的实体，那么 R_1 和 R_3 也必然指代不同的实体。

注意，即使众包对不同记录对的标记是一致的，这些记录对由众包来标记的顺序也很重要。如果记录对（R_1，R_2）和（R_2，R_3）被众包分别标记为匹配和不匹配，那么第三对（R_1，R_3）的标记可以由系统推导为不匹配。但是，如果众包标记（R_1，R_3）和（R_2，R_3）为不匹配，那么不允许系统根据任何（R_1，R_2）的标记来进行推导。

给定未标记的候选记录对的集合，很容易发现考虑记录对若以不同顺序标记可能会导致人力标注记录对的数量不同，由此也会引发可以推导的数据对数量的不同。

140

考虑图 5-1 中给出的例子。其给出了 6 个记录 $\{R_1, \cdots, R_6\}$ 和 8 对记录 $\{L_1, \cdots, L_8\}$，它们的标记还未给出。这些信息使用图来描述，记录作为节点，记录对由边来描述：有三个实体，用一样的颜色来说明记录与相同的实体对应。链接相同颜色节点的边表示匹配，链接不同颜色节点的边表示不匹配。如果记录对按 L_1、L_2、L_3、L_4、L_8、L_7、L_6、L_5 的顺序来考虑，需要众包 7 条记录对；只能推导 L_4 的标记。但是，如果记录对按 L_1、L_2、L_3、L_4、L_5、L_6、L_7、L_8 的顺序来考虑，只需众包 6 个记录对；可以推导 L_4 和 L_8 的标记。在这个例子中，最小的所需众包数量为 6。

ID	记录	ID	记录对	可能性
R_1	iPhone 2nd generation	L_1	(R_2,R_3)	0.85
R_2	iPhone Two	L_2	(R_1,R_2)	0.75
R_3	iPhone 2	L_3	(R_1,R_6)	0.72
R_4	iPad Two	L_4	(R_1,R_3)	0.65
R_5	iPad 2	L_5	(R_4,R_5)	0.55
R_6	iPad 3rd generation	L_6	(R_4,R_6)	0.48
		L_7	(R_2,R_4)	0.45
		L_8	(R_5,R_6)	0.42

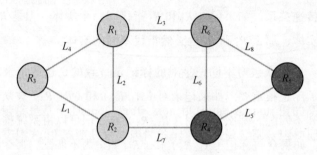

图 5-1　通过众包传递关系来说明标记的例子[Wang et al. 2013]

这正好引入了下面的问题：给定一个未标记的候选记录对集合，什么样的策略能保证需要众包标注的数据对的数量最小，对其他数据对来说，它们的标记可以通过基于传递关系的众包对推导来获得。[Vesdapunt et al. 2014]指出这是一个 NP 难问题。[Wang et al. 2013]和[Vesdapunt et al. 2014]在实践中给出了启发式方法来解决此问题。我们将在本节介绍[Wang et al. 2013]的方法。

141

1. 挑战

识别对于众包记录对标记问题的策略好坏需要面对两个关键的挑战。

第一，在记录对顺序标记的模型下，让大众去标记那些有较高匹配可能性的数据对（即很可能匹配），或者较低匹配可能性的数据对（即很可能不匹配），还是中等匹配可能性的数据对（即不清楚匹配还是不匹配），哪个会更好？从直觉看应该让大众去标记那些中等可能性匹配的记录对，因为从这些正确的标记中可以获得最大的信息增益。但是直觉对吗？

第二，在现实的众包系统中，比如 Amazon Mechanical Turk (AMT)，让人们每次只标记一个记录对需要很多次循环，这是办不到的。那么，在保证标记记录对的数量尽可能小的同时还能允许多大的并行度？

2. 关键贡献

[Wang et al. 2013]针对为众包标记记录对确定好的标记顺序和并行策略带来的挑战，做出了很多有趣的贡献。

首先，假设不同记录对的匹配可能性相互独立，他们显示一个利用传递关系的好的标记顺序是按照匹配可能性的降序来标记记录对。这是因为最终建立的记录对匹配结果可以通过积极传递关系和消极传递关系来推导其余的标记。

从图 5-1 中的例子就可以看到这一过程。按照 L_1、L_2、L_3、L_4、L_5、L_6、L_7、L_8 的顺序（匹配可能性下降的顺序）来标记记录对，只有 6 对需要众包，即此例中的最优选择。

其次，当保证标记的记录对数量与顺序排序的一样时，他们指出高并行度是可行的。这里的关键直觉来自于上面所述的顺序排序，以及顺序地识别那些需要众包来标记的记录对（即不是推导而来的），和在顺序排序中之前的数据对实际标记的独立性。当试图把上述记录对的匹配/不匹配标记的都结合到一起来做识别是一个指数级的过程时，一个高效算法可以通过检查一个记录对是否需要众包来获得，这里只假设上述数据对被标记为匹配。

这个方法可以用图 5-1 中的例子来说明。给定顺序排序为 L_1、L_2、L_3、L_4、L_5、L_6、L_7、L_8，在第一次循环中并行处理了记录对 L_1、L_2、L_3、L_5、L_6，因为它们的标记无法通过已知的顺序排序中上述记录对的实际标记推导出来。一旦这些记录对的标记被众包，L_4 和 L_8 的标记就可以推导出来，而且仅 L_7 的标记需要众包。再次看到只有 6 个标记需要众包，只需两次

142

循环，而不是顺序策略中的 6 次循环。

3. 主要结果

[Wang et al. 2013]在两个开放的真实数据集上通过实验评测了他们的顺序和并行策略，两个数据集一个是研究论文集 Cora，另一个是产品数据集 Abt-Buy，它们具有不同特征的匹配记录对的数量，都利用了仿真和 AMT。主要结果如下所述。

1）传递关系可以有效地减少需要众包标记记录对的数量。

对于 Cora 数据集，它有很多实体具有大量的匹配记录，使用传递关系可以将众包记录对的数量减少 95%。对于 Abt-Buy 数据集，它只有很少的实体有超过两个以上的匹配记录，使用传递关系的效果一般，但是仍可以节约 20%的众包记录对。这些结果另外假设在指定的低可能性阈值之下的所有记录对是不匹配的，这在实践中也是非常合理的。

2）通过提出的顺序排序得到的需要众包来标记的记录对的数量与最差顺序（先标记不匹配的记录对，再处理其他匹配的记录对）相比会有大于一个数量级的优势。进一步看，使用随机顺序与前文提出的顺序相比需要更多的众包记录对，但是仍然少于最差顺序。

3）并行策略与顺序策略相比循环次数最多降低了两个数量级。

在 Cora 数据集上，对不匹配的可能性阈值设为 0.3，顺序策略需要 1 237 次循环，而并行策略将其降低到 14 次。

4）在实际的众包平台 AMT 上的结果与模拟结果是高度一致的，而且可以看到传递关系在损失很小的结果质量的前提下能带来巨大的成本节约。

举例来说，在 Cora 数据集上，传递方法在损失 5%的结果质量的同时减少了 96.5%的 HITs 数量和 95%的时间。质量损失的原因是一些记录对的标记被错误地推导了，而这是由基于传递关系的被错误标记的记录对导致的。

143

5.1.2　众包端到端的工作流

[Gokhale et al. 2014]观察到，之前的关于众包记录链接的工作是有局限的，这些工作仅仅众包了匹配记录的端到端的工作流的一部分（见第 3 章），而且严重依赖于专业软件开发者对工作流中剩余步骤的程序化处理。对于这一因素，他们提出了记录链接任务的端到端的众包工作流，这需要来自那些执行特殊记录链接任务的用户的少量输入。他们把该方法描述为放手的众包（Hands-Off Crowdsourcing，HOC），并指出该方法对于记录链接的众包会有更广泛的使用潜能。

1．挑战

对于记录链接，HOC 很明显需要面对许多下述挑战。

第一，记录链接的分块步骤对于减少两两匹配的记录对的数量十分必要，那么该步骤如何众包化？现有的方法需要领域专家认真制定出规则来保证分块操作不会导致太多的假负结果。如何在不需要任何领域专家的帮助下将此类规则的生成众包化？

第二，记录链接的两两匹配步骤常常使用基于学习的方法来预测匹配和不匹配的记录对。如何在基于学习的匹配器的训练步骤中以高性价比的方式使用众包？

第三，如何利用大众来估计基于学习的匹配器的匹配精度？其中一个关键的挑战是仅有很小的候选记录对片段是匹配的，所以数据非常倾斜。如何将众包用于有原则地估计精确度和查全率？

第四，当基于学习的匹配器的匹配准确度需要提高时，迭代的记录链接技术聚焦在早期循环无法正确匹配的记录对上。如何使用众包以使得这一迭代步骤严谨？

2．关键贡献

[Gokhale et al. 2014]针对所有上述的挑战，提出了高效使用随机森林[Breiman 2001]和主动学习[Settles 2012]的方法。他们戏称他们提供的

HOC 方法为 Corleone，是以《教父》电影的同名角色的名字命名的。Corleone 由四部分组成：分块器、匹配器、准确度估计器和困难对定位器。他们分别对应上面的 4 个挑战，且只要求执行特定记录链接任务的用户输入最小：要匹配的两张表，给大众的关于两个记录匹配的含义的一段简短文本说明，两个记录对匹配的正例，以及两个记录对不匹配的反例。Corleone 的主要贡献如下所述。

第一，给定两个表 $\bar{R}_1$ 和 $\bar{R}_2$，记录链接需要运行在它们之上，Corleone 的分块器从 $\bar{R}_1 \times \bar{R}_2$（包括用户提供的记录对的两个正例和两个反例）中识别出一个主存大小的记录对样本。下面，样本中的每个记录对转换为特征向量，其使用的特征来自相似函数的标准库，相似函数就像编辑距离、Jaccard 距离等。然后，Corleone 在这些特征向量上使用众包的主动学习来学习随机森林 F，它是用 4 个用户提供的样本建立初始森林后不断迭代改进而来。因为一个随机森林是一个决策树的集合，可以通过提取所有的消极规则（即根到叶子的决策树路径指向了非叶节点）来识别候选分块规则；此种规则可以识别出不匹配的记录对，所以也可以作为分块规则。众包过程接下来要用于评价高精确和高覆盖候选分块规则的子集，它可以用来识别应用匹配器的 $\bar{R}_1 \times \bar{R}_2$ 子集。

第二，Corleone 应用一个训练随机森林分类器的标准策略来建立一个匹配器，该分类器是在记录对的特征向量上使用众包的主动学习来训练的。关键的挑战是以性价比高的方式使用众包，因为由于众包结果中的潜在错误引起的过度训练既浪费钱又降低了匹配器的准确度。这个问题需要三步来解决，通过信息论工具来识别匹配器的"可信度"，在匹配器训练阶段监测这个可信度，当可信度达到峰值时停止训练。

第三，Corleone 使用众包来估计匹配器的准确度。如前面所说的，这里的挑战在于处理高倾斜的数据，其源于候选记录对中仅有很少的片段是匹配的。这使得使用一个随机标记记录估计样本准确度很不充分，因为正例太少。[Gokhale et al. 2014]提出的关键思想是利用匹配器随机森林提取消极规则（这不同于阻断规则）来系统地消除负例，从而增加了用于估计准确性的正例密度。

第四，Corleone 使用众包来使迭代记录链接的迭代步骤严谨并且经济高效地使用众包。迭代记录链接的基本思想是定位那些难以匹配的记录对，然后为它们单独创建一个新的匹配器。[Gokhale et al. 2014]提出的关键思想是识别高精确度的正反规则，清除被这些规则覆盖的记录对，把剩余样本当作难以匹配的记录。

结合这 4 个部分，Corleone 获得了记录链接的端到端工作流的 HOC 解决方案。

3. 主要结果

[Gokhale et al. 2014]在三个真实数据集上通过实验评价了 Corleone。三个数据集分别是：餐馆（Restaurants），用来匹配餐馆的描述；引用集（Citations），用来匹配 DBLP 和 Google 学术之间的引用；产品集（Products），用来匹配亚马逊和沃尔玛间的电子产品。这三个数据集是多样化的，有各自的匹配难题。他们使用 AMT（对于餐馆集和引用集是每个问题 1 美分，对于产品集是 2 美分一个问题）来获取如下结果。

|145|

1）总体来说，Corleone 达到了很高的匹配准确度，在几百美元的合理的众包代价（针对产品集）下，其 F1 的成绩在三个数据集上是 89.3%～96.5%。

低成本归因于这样的事实，即使是分块步骤后，标记对的数量与全部对的数量相比会低很多。进一步讲，Corleone 在完全无需干涉的条件下，达到了和传统的解决方案相当或更好的精确度。

2）分块的结果说明众包化阻断是非常有效的，它把要匹配记录对的总数减少到矢量积的 0.02%～0.3%。对于引用和产品集，以仅仅几十美元的低成本（对于产品集而言）达到了高精确度（超过 99.9%）和高查全率（超过 92%）。

3）Corleone 在三个数据集上只需 1～2 次迭代，并且其估计的 F1 成绩非常准确，通常在真实的 F1 的 5% 范围内。尽管有来自大众的噪声标记，但错误仍很少。

5.1.3   未来的工作

在数据集成中使用众包的工作为使用众包解决 BDI 的挑战提供了良好的基础，但仍有大量工作需要去做。我们概述了一些公认的未来工作的方向。

首先，在前面章节提到的 BDI 中的模式对齐、记录链接和数据融合在众包中的进展，如何在这些算法上进一步改进使其扩展到大容量、高速率和丰富多样的数据集上？

其次，众包技术常常会产生噪声标记。当数据本身的真实性较低时，需要更好地理解数据质量和众包结果质量间的关系及其在 BDI 上的影响。

5.2   数据源选择

存在于各种各样的数据源中的丰富有用信息对数据集成系统提高数据集成的可用性是有利的。数据源越多，数据集成的覆盖度越高。同样，由于不一致性的存在，集成数据的精度可以通过利用第 4 章的融合技术获得的多数据源的集体智慧得到改善。但是，数据收集和集成带来了成本问题：很多数据源的数据是收费的，甚至对于那些免费的数据源，集成成本（即人力和计算代价）仍是可观的。显然对于一个新的数据源，如果它的额外好处是有限的，那么产生这些费用是不值得的。

[Dong et al. 2012]通过几个真实数据集展示了在一个领域中集成所有可用的数据源并不总是值得的。例如，领域数据源中存在大量的冗余数据，集成一个新的数据源就会提高覆盖度，但也可能会增加成本。这可以从图 1-2 中的 k 覆盖图看到，特别是较小的 k 取值。更糟糕的是，在带

来成本增加的同时，一些低质量的数据源甚至会损害到集成数据的准确度并带来负面效应。可以从[Li et al. 2012]在股票领域研究中的融合结果查全率来绘制的图 5-2 中看到这种现象；图中灰色的椭圆标出了在集成所有数据源之前就已获得了最大的效益。

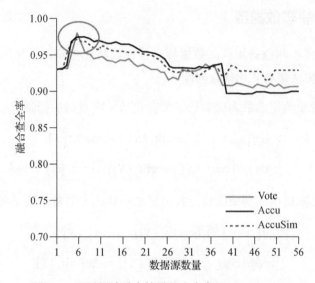

图 5-2　股票领域融合结果的查全率[Li et al. 2012]

为了解决这种问题，[Dong et al. 2012]提出了数据源选择这一新问题，它在真正集成之前执行来平衡集成的成本和收益。从多个数据源集成数据的 Web 数据提供者，到从第三方购买数据的企业，再到从数据市场购买数据的个人信息用户，数据源选择对很多场景都很重要[Dong et al. 2012]。

147

定义 5.2　考虑数据源集合 $\mathcal{S}$，令 I 表示一个集成模型。令 $\text{cost}_I\left(\overline{S}\right)$ 和 $\text{benefit}_I\left(\overline{S}\right)$ 分别表示数据源 $\overline{S} \in \mathcal{S}$ 在模型 I 中集成的成本和收益。令 opt 和 thresh 表示两个二元函数，τ 表示一个常量。**数据源选择**问题就是在约束 $\text{thresh}\left(\text{cost}_I\left(\overline{S}\right), \text{benefit}_I\left(\overline{S}\right)\right) \leqslant \tau$ 下找到数据源集合的一个子集 $\overline{S} \in \mathcal{S}$，使 $\text{opt}\left(\text{cost}_I\left(\overline{S}\right), \text{benefit}_I\left(\overline{S}\right)\right)$ 最大化。

[Dong et al. 2012]研究了静态数据源的选择问题并给出了受经济学原理中边际原则[Marshall 1890]启发的一种方法；该技术将在 5.2.1 节中讲

述。在后续工作中，[Rekatsinas et al. 2014]研究了随时间推移会改变的数据源选择问题并提出了对新近数据源的特征化和选择的方法；在 5.2.2 节将介绍该方法。最后，我们概述该领域的一些未来工作方向。

5.2.1 静态数据源

基于成本和收益矩阵的数据源选择问题转化为资源优化问题。有两个传统的方法来公式化优化问题。

- 对于给定的最大成本找出最大化结果收益的数据源子集：

$$\mathrm{opt}\left(\cos t_I\left(\overline{S}\right), \mathrm{benefit}_I\left(\overline{S}\right)\right) = \mathrm{benefit}_I\left(\overline{S}\right)$$

$$\mathrm{thresh}\left(\cos t_I\left(\overline{S}\right), \mathrm{benefit}_I\left(\overline{S}\right)\right) = \cos t_I\left(\overline{S}\right)$$

- 已知最小的期望收益，找出能最小化成本的数据源子集：

$$\mathrm{opt}\left(\cos t_I\left(\overline{S}\right), \mathrm{benefit}_I\left(\overline{S}\right)\right) = -\cos t_I\left(\overline{S}\right)$$

$$\mathrm{thresh}\left(\cos t_I\left(\overline{S}\right), \mathrm{benefit}_I\left(\overline{S}\right)\right) = -\mathrm{benefit}_I\left(\overline{S}\right)$$

[Dong et al. 2012]发现这些公式对于数据源选择都不理想，从而受经济学原理中的边际原则启发将问题阐述为：假设成本和收益使用同一单位（比如美元）来衡量，可以继续选择数据源直到边际效益小于边际成本；同样，对于给定的最大成本，可以按最大收益来选择数据源集合，其定义如下：

$$\mathrm{opt}\left(\cos t_I\left(\overline{S}\right), \mathrm{benefit}_I\left(\overline{S}\right)\right) = \mathrm{benefit}_I\left(\overline{S}\right) - \cos t_I\left(\overline{S}\right)$$

$$\mathrm{thresh}\left(\cos t_I\left(\overline{S}\right), \mathrm{benefit}_I\left(\overline{S}\right)\right) = \cos t_I\left(\overline{S}\right).$$

[Dong et al. 2012]聚焦于集成模型是数据融合模型的情况，并把收益视为融合结果准确度的函数。

148

1. 挑战

应用边际原则到数据集成的数据源选择中要面对很多挑战[Dong et al. 2012]。

第一，收益递减规律（即持续添加数据源会逐步导致降低每个数据源单元的回报）不一定在数据集成中成立，所以可能有多个具有最大利润的边际点。这说明一个简单的贪心算法不足以解决问题。

第二，因为数据源互相之间并不独立，所以按不同顺序集成数据源会导致不同的质量（或收益）曲线，且每条曲线都有自己的边际点。这表明解决方案需要比较多个边际点来选择其中最佳的一个。

第三，因为数据源选择需要在真实集成之前执行，所以以结果质量的形式表示的实际集成收益是不可知的。这说明集成数据源子集的成本和收益需要分析性地或经验性地估计。

2. 关键贡献

[Dong et al. 2012]针对前述提及的对于离线数据集成的数据融合背景下的数据源选择挑战，即静态数据源的情况，做出了几个关键贡献。

第一，他们指出数据融合背景下的数据源选择一般是一个 NP 完全问题，而简单的贪心算法会产生任意糟糕的结果。

第二，他们给出了一个算法，其应用了贪婪随机自适应搜索（GRASP）的启发式[Festa and Resende 2011]来解决边际问题。GRASP 给出了两种方式来应对贪婪方法的局限性。第一，为了取代每步做贪心的决定，在每个步骤中，以产生的收益作为初始解决方案，从 top-k 个候选数据源中随机选择，而且从 r 次重复中做出下面所述的最佳选择；第二，在每次重复中，当产生了初始解决方案后，算法会在爬山方法中执行局部搜索。两部分都严格避免以一个固定的次序浏览所有的数据源，这样可以保证能够得到一个接近最优的选择。但是，GRASP 无法给出任何近似保证。

第三，在假定输入数据源独立的前提下，他们纯粹基于输入数据源的准确度和最常见错误取值的流行度来给出了一个有效（PTIME 或伪 PTIME）的动态编程算法来估计数据融合结果的准确度（也可以是收益）。

3. 主要结果

[Dong et al. 2012]在多种数据集上通过实验评价了他们的数据源选择算法和估计数据融合结果准确度的算法，数据集包括[Li et al. 2012]的航班数据。主要结果如下所述。

1）对于各种收益和成本函数及数据融合策略，GRASP 在按最高收益来选择数据源子集方面明显优于贪心算法。

增加从初始解决方案中选取的候选数量（k）和重复的次数（r）虽可以提高数倍的 GRASP 获得的最大收益，但是代价是需要更多的运行时间。当 $k=10$，$r=320$ 时，GRASP 常常可以获得最佳的数据源选择；即使该结果不是最好的，它与最好的选择之间的收益之差也不超过 2.5%。甚至更高的 k 值实际上可能降低结果的质量，因为它会使得初始解接近随机选择。

贪心算法很少选择到最佳数据源子集，且其利润与最佳选择的差别高达 19.7%。

2）计数据融合结果的准确度算法对各种数据融合策略都十分准确，在估计查全率与真实查全率的绝对差小于 10%，相对差小于 12%。

但是，对于复杂数据融合策略，比如 Accu（见第 4 章），其估计准确度的用时要高于多数投票等简单策略。

3）相对来说，通过 GRASP 选择的数据源子集对数据融合策略的选择是不敏感的，说明可以在数据源选择阶段使用简单的数据融合策略，而在实际的融合阶段再使用更复杂的策略。

4）最后，数据源选择算法有很好的可扩展性，合成各种准确度分布的多达一百万的数据源的数据用时不超过 1 小时。由于数据源选择是离线完成且仅执行一次，所以这是可以接受的。

5.2.2　动态数据源

[Rekatsinas et al. 2014]研究了动态数据源选择的问题，即数据源的内

容会随时间推移而改变。此问题的动机来自于列表聚合的场景，比如商务、工作或者出租列表。这里，聚合器通过集成来自多源的表格来提供检索服务给终端用户，且当新表就绪或者存在表更新或删除时，每个数据源提供了列表集合和定期更新。第二个动机来自于针对社会事件监控的新闻媒体在线聚集分析。这里，分析者集成了来自一组不同的新闻媒体数据源提供的事件描述，然后聚集地分析这些数据来检测出兴趣域的特征模式。例如，在一个单一存储库中，事件、语言和语气的全球数据库（GDELT）从 15 275 个数据源聚合了很多新闻文章，并让其可用于分析任务。

1. 挑战

动态数据源选择引发了已知的静态数据源问题以外的其他问题。

第一，一个具有较高更新频率的数据源并不意味着其拥有较高的新鲜度（即相比于真实世界的最新取值）。这可以用过去 23 个月中 43 个数据源提供的美国商业记录中每天的平均新鲜度与平均更新频率的比较图看出来，正如图 5-3 中所示。特别的，椭圆指示出了即使每天更新的数据源仍会有大范围的可能平均新鲜度取值。主要原因是数据源频繁给自己加入内容但仍可能无法有效地删除陈旧的数据或者捕获旧数据项的取值变化。

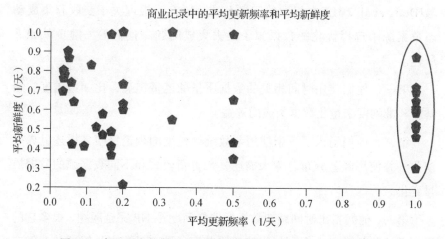

图 5-3　商业列表数据源的新鲜度更新频率[Rekatsinas et al. 2014]

第二，可用数据源的收益可能随着时间的推移而改变，而最大化集成收益的数据源子集也会随着时间的推移而改变。这可以在由上面提及的商业列表数据源中的两个数据源集合得到的集成结果的覆盖度演化中看到，其展示在图 5-4 中。两个集合都包含两个很大的数据源。进一步，第一个集合包含了一个其他数据源，而第二个集合包含了其他三个数据源，它们与加入到第一个集合的数据源大小相同。

151

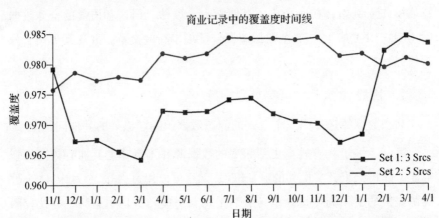

图 5-4　关于商业列表数据源的两个子集集成结果的覆盖的演化[Rekatsinas et al. 2014]

2. 关键贡献

[Rekatsinas et al. 2014]研究了时间感知数据源选择的问题，并使用与[Dong et al. 2012]中相同的问题公式，研究了推理关于获取和集成动态数据源来选择优化的数据源子集去集成问题。他们的关键贡献如下所述。

第一，他们使用时间相关的数据质量的度量定义，比如覆盖度、新鲜度和准确度来量化数据集成的效益。

第二，他们引入了一个使用参数统计模型的理论框架来描述世界的演化，并使用经验分布总体来描述复杂更新模式和不同数据源的数据质量变化。

第三，他们指出时间感知数据源选择问题是 NP 完全问题，很多它的样例（比如效益是一个时间依赖的覆盖度函数，且成本是线性的）对应于有充分研究的子模块优化问题，该问题与常数因子近似的高效的本地搜索算法是众所周知的[Feige et al. 2011]。另外，除了选择数据源子集外，这些算法也可以确定最佳的频率去获取来自每个数据源的数据。该子模块优化算法在概念上与 GRASP 相似，因为它也是通过决定最佳数据源开始，通过添加和删除数据源来浏览本地邻近区域，最后返回所选择的集合或它的补集。

3. 主要结果

[Rekatsinas et al. 2014]用实验评价了 i）在不同系列的效益和成本函数下，他们的数据源选择算法，ii）他们给出的用来预测数据在数据源和现实世界中变化的模型的准确度，这些实验是在包括商业列表数据和 GDELT 数据的多种真实数据集和人工数据集上完成的。主要结果如下所述。 |152|

1）给出预测数据变化的模型是十分准确的，其在商业列表数据上的平均相对错误约为 2%左右，且每个时间单元的错误增长率为 0.1%。对于 GDELT，给出的模型的相对错误不超过 8%，考虑到训练数据跨度仅为 15 天，这个结果已经非常小了。

2）[与 Dong et al. 2012]在静态数据源中的研究类似，GRASP 选择动态数据源子集对于各种效益和成本函数而言在大多数时间里具有最高利润。

有趣的是，子模块优化算法的解决方案几乎可以与最佳解决方案媲美，与最佳解决方案相比，其平均质量损失低于 2%，最坏情况下约为 10%。但是，很多情况下 GRASP 明显比子模块优化算法差，同子模块优化算法相比，其平均质量损失约为 9%，最坏情况下质量损失在 50%以上。同之前一样，贪心算法是整体最差的策略。

3）最后，子模块优化算法比 GRASP 快 1～2 个数量级（取决于使用的 GRASP 的迭代次数），而且随着数据源数量的增长扩展性更好。再加上其解决方案的高质量，快得多的运行时间使子模块优化算法成为替代 GRASP 切实可行的方法，尤其对于大规模的数据源选择实例而言。

5.2.3 未来的工作

关于数据源选择的工作尚处于起步阶段，很多工作仍未完成。我们概述两个公认的未来工作的方向。

第一，现有的研究[Dong et al. 2012, Rekatsinas et al. 2014]假设数据源是独立的。将这些工作扩展到考虑数据源之间存在复制[Dong et al. 2009a]和任意相关性[Pochampally et al. 2014]的情况中，具有进一步提高数据源选择质量的潜力。

第二，现有的研究只考虑将集成效益定义为一个融合质量度量的函数，比如覆盖度、新鲜度和准确度。除了数据融合，把模式对齐和记录链接考虑进来，一个更全面的集成效益的处理会使数据源选择更广泛地适用于数据源的多样性。

5.3 数据源分析

可用于集成和分析的数据源的数量和种类给数据科学家和分析人员带来了福音，因为他们可以找到越来越多的高质量证据来完成数据驱动的发现工作。但是，不是所有可用数据源都可能与手头的任务相关，很多相关数据源可能无法提供用户需要的高质量的证据。对于大量的数据源，一个关键的挑战是让用户能够发现包含相关数据的数据源，并且有满足用户需要的足够高的数据质量。

当数据源的结构、语义和内容被很好地理解了，数据源选择技术（在5.2 节描述的）可以用来推理关于获取和集成数据的效益和代价，这可以识别出值得集成的数据源子集。但是，在很多情境下，用户不熟悉数据源的数据领域，不关心包含在数据源中的实体，及实体间的实体属性和关系在数据源中是如何构建的。数据源分析的目标是有效地解决用户理解数据源内容时遇到的挑战，这甚至要在决定是否集成之前执行[Naumann 2013]。

实现这一理解的一个重要的步骤是能把数据源内容关联到知识库的本体、实体、实体属性和实体关系上，这些知识库比如 Freebase[Bollacker et al. 2008]、谷歌知识图[Dong ct al. 2014b]、ProBase [Wuet al. 2012]和 Yago [Weikum and Theobald 2010]是用户已理解的。一个有关的步骤是表征数据源内容的质量，它使用已有文献中 [Batini and Scannapieco 2006]提出的多种关于数据质量的度量，比如覆盖度、新鲜度和准确度。数据源分析形式化定义如下。

> **定义 5.3**　考虑数据源集合 $\mathcal{S}$，具有属性 A。令 KB 代表一个知识库，DQ 表示数据质量度量的集合。**数据源分析**问题描述为 a）一个映射 $\kappa : \mathcal{S} \times 2^A \to 2^{KB}$，它与具有知识库中的概念、实体和关系的每个数据源中的属性子集有关，b）一个映射 $\mu : \mathcal{S} \times 2^{KB} \times DQ \to range(DQ)$，它量化根据知识库来描述数据源不同部分的数据质量。

数据源分析显然具有挑战性，虽然沿着这个目标已经有了很多进展，但仍有很多工作要做。该领域大部分研究集中在关系数据源上，我们在本节展示了一些有代表性的工作。在 5.3.1 节，我们介绍一个早期开创性的数据源分析工作，它收集关于数据源结构和内容的统计摘要；这些摘要可以用来自动发现数据源模式元素间的结构化关系。我们在 5.3.2 节提供了一个方法，它可以利用发现的数据源模式元素间的结构关系去概述一个关系数据源的主要内容，这使得用户可以快速识别数据源的数据领域和每个类型的信息所驻留的主要关系表。最后，我们概述了该领域一些未来工作的方向。

154

5.3.1 Bellman 系统

[Dasu et al. 2002]提供了 Bellman 系统来帮助分析人员理解复杂的、不熟悉的相关数据源的内容和结构。通过观察发现大型关系数据库随着

时间的推移其质量会下降，这有很多原因，例如不正确的数据（比如供应组及时记入了他们供应的服务/电路，但却没有同样及时清除它们），使用数据库去建模非期望的事件和实体（比如新的服务或用户类型），等等。该工作正是受到以上情况的启发。

作为一种辅助手段来帮助包括数据分析和数据集成在内的新项目使用这种退化的数据，Bellman 的功能有：在数据源的内容和结构上执行挖掘过程来快速识别具有潜在数据质量问题的属性，判断哪些属性有相似的取值，使用连接路径构建复杂的实体，等等。这些挖掘结果帮助分析人员理解数据源内容的意义。

1. 挑战

挖掘复杂数据库来抽取语义丰富的信息面临着很多挑战[Dasu et al. 2002]。

第一，这种数据库常常有数以千计的表，并且具有数以万计的属性。因为问题的规模使数据库结构发现变得困难。

第二，在一个标准化的数据库上构建复杂实体（比如一个公司的客户）往往需要很多的具有很长连接路径的连接操作，这对于自动发现是不寻常的，因为外码依赖常无法维持，随着时间推移其质量会下降，且模式文档经常过期。

第三，表可能包含异构实体（比如个人客户和小的商业客户），它们在数据库中具有不同的连接路径。

第四，对于记录数据的约定在不同的数据库中也会不同，例如，用户名字可能在一个表中用一个属性来表示，但是在其他表中会是两个甚至更多属性。

2. 关键贡献

[Dasu et al. 2002]解决了上述结构化数据库中的挑战，并做出了以下几个关键贡献。

第一，Bellman 通过建立和使用对个体属性中取值的各种简明摘要解决海量性挑战，而不是直接使用数据库的内容。这包括最小哈希签名（min-hash signature）[Broder et al. 2000]，通过附加的跟踪计数扩展最小哈希签名得来的多集签名、q-gram 最小哈希签名，等等。这些方法是定长签名，独立于数据库表中记录的数量。

155

第二，Bellman 使用简明的属性摘要来高效和准确地回答各种探索查询，比如查找相似属性、查找混合属性、查找连接路径和查找异构表。其中一些如下所列。

- 哪些其他属性的取值集合与给定的属性 A 的取值集合相似？

两个属性的取值集合 A_1 和 A_2 的相似性 $\rho(A_1, A_2)$ 定义为 $|A_1 \cap A_2| / |A_1 \cup A_2|$。该值通过使用每两个属性的最小哈希签名可以很容易地估计出来。

属性 A 的最小哈希签名为 $(s_1(A), \cdots, s_n(A))$，其中 $s_i(A) = \min_{a \in A}(h_i(a))$，$1 \leq i \leq n$，且 $\{h_i : 1 \leq i \leq n\}$ 是一个两两独立的哈希函数集合。直观地说，每个哈希函数将所有属性值域中的元素均匀随机地映射到自然数空间，且属性 A 使用哈希函数 h_i 得到的任意取值 $s_i(A)$ 是最小的哈希值。

给定两个属性 A_1 和 A_2，可以从 [Broder et al. 2000] 看到 $\Pr[s_i(A_1) = s_i(A_2)] = \rho(A_1, A_2), 1 \leq i \leq n$。为了收紧置信区间，$\rho(A_1, A_2)$ 的估计使用了所有 n 个签名单元，如下所示：

$$\hat{\rho}(A_1, A_2) = \sum_{i=1,\cdots,n} I[s_i(A_1) = s_i(A_2)]$$

其中 $I[s_i(A_1) = s_i(A_2)]$ 是指示函数，它在 $s_i(A_1) = s_i(A_2)$ 时取值为 1，否则为 0。

- 哪些其他属性的取值集合与给定属性 A 的取值集合在文本上相似？

这个探索查询在存在印刷错误时很有用。

在两个属性取值集合间查找子串相似性是一个计算困难问题，因为有大量的子串需要比较。这可以通过在属性中使用 q-gram（该属性中所有 q 个字符的子串的集合）和 q-gram 签名（即属性中的 q-gram 集合的最小哈希签名）的子串摘要来得到简化。然后，属性 A_1 和 A_2 间的 q-gram 相似性可以用来回答探索查询。

- 什么样的组合属性的取值集合与给定的属性 A 的取值集合在文本上相似？

该探索查询对属性很有用，比如用户名字，因为它在一个表中可用一个属性来表示，但在其他表中会用 2 个或更多属性来表示。

回答这个问题可以通过使用 q-gram 签名，识别在同一个表中的候选属性，和评价两个或更多候选属性的组合来实现。对于后面的任务，值得注意的是最小哈希签名是相加的，且 $s_i(A_1 \cup A_2) = \min(s_i(A_1), s_i(A_2)), 1 \leqslant i \leqslant n$。

3. 主要结果

[Dasu et al. 2002]通过实验评价他们的技术来确定在大规模复杂数据库上他们方法的实用性和扩展性。其主要结果如下所述。

1）Bellman 能在 3 个小时内，对包含至少 20 个不同取值的 1 078 个属性计算所有签名并在其上完成概述（具有 250 个签名和 3-gram）。

这说明需要计算大规模复杂数据库的概述的离线处理可以高效地进行。

2）在 1 078 个描述属性上使用 250 个签名并有较高准确度的情况下，查找与一个特殊属性具有很高相似性的所有属性大约需要 90 秒。

通过减少签名的数量至 50～100 的范围可以明显降低运行时间，但不会明显地降低结果的准确度。

准确地估计 3-gram 相似性会更容易，因为可能取值的空间十分小（只有 2 097 152 种可能的 7 比特 ASCII 的 3-gram 模型）。

5.3.2 概述数据源

[Yang et al. 2009]提供了一个创新的方法来概述相关数据源的内容，因此用户可以快速识别数据源的数据领域和每个信息类型存放的主表。通过观察发现复杂数据库常有数以千计的相互关联的表，对数据不熟悉

的用户在从数据库中提取有用信息之前需要花费相当多的时间来理解其中的模式。该工作正是受到上述问题的启发。

　　为了说明的目的，考虑使用 TPCE 标准模式图，如图 5-5 所示。它由 33 个表组成，预分类为 4 种：经纪人、客户、市场和维度。数据库模拟一个客户交易股票的交易系统。存储了各种关于客户、证券、经纪人等附加信息。此图也显示了 TPCE 模式所需的摘要：将表聚类到几个类别标记中（并对图做灰度编码），其结果让任何用户对数据库代表什么有了一个模糊的概念。该分类是由测试集的设计者来手工完成的；更重要的是，标记也是由设计者决定的。[Yang et al. 2009]给出了一个统计模型，它能自动地分类和标记模式表并产生一个摘要，其定义如下。

157

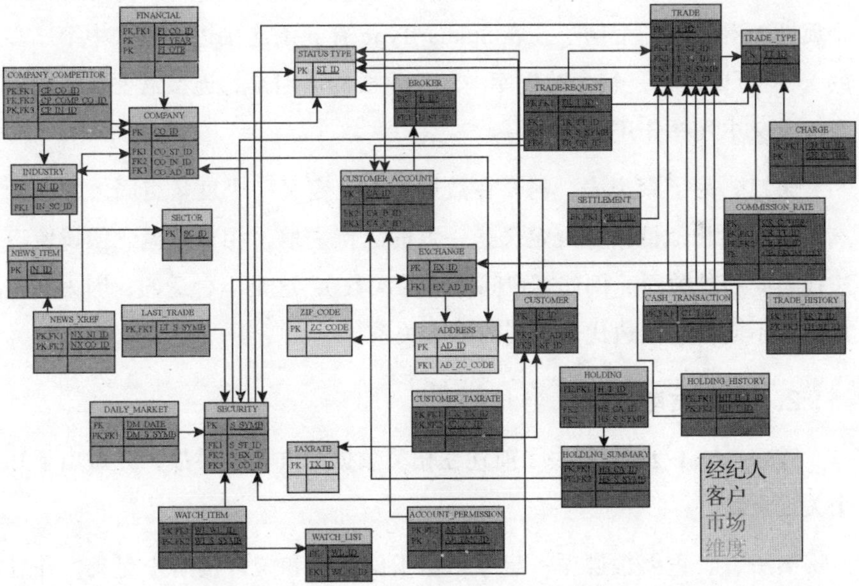

图 5-5　TPCE 模式图[Yang et al. 2009]

　　定义 5.4　（**数据源模式摘要**）[Yang et al. 2009]　对一个相关数据源给定一个模式图 G，大小为 k 的 G 的摘要是一个相关数据源中表的一个 k 聚类 $C = \{C_1, \cdots, C_K\}$，使得对每一个聚集 C_i 可以定义一个表的中心 $\text{center}(C_i) \in C_i$。这个摘要可通过函数表示成一组标记 $\{\text{center}(C_1), \cdots, \text{center}(C_k)\}$，该函数可

以把相关数据源中的每个表分配到一个簇中。

1. 挑战

创建相关数据源的有意义的摘要要面临很多挑战[Yang et al. 2009]。

第一，自动处理模式摘要需要基于它的属性、模式的记录和模式的连接关系来定义一个表的重要性。但是，直接定义的表重要性并不总是与直觉相一致，比如与记录的数量或连接关系的数量成比例的方式。例如，在图 5-5 的 TPCE 模式中，表 Trade_History 是最大的一个表，拥有 10^7 个记录，但是它只包含旧的交易记录，在真实世界系统中已经过时，因此不是特别重要。相反，表 Customer 包含了关于发起系统中所有交易的人员信息，尽管只有 1 000 条记录，但是十分重要。关键的观察是 Customer 表有 23 个属性，是所有表中最多的，而 Trade_History 表只有 2 个属性。看另外一个例子，表 Status_Type 有 6 条连接边（模式中第二多的），但可以说它是整个数据库中最不重要的。但是，连接需要在表的重要性定义中发挥作用。

第二，为了聚类表，需要在数据库表上定义一个度量空间，因此距离函数与表相似性的直观定义是一致的。特别地，相似性概念假设所有边代表同一种关系（例如客户间通话的次数），这是不合适的，因为在模式图中不同的连接边代表不同的概念关系。

2. 关键贡献

[Yang et al. 2009]解决了前述在相关数据源方面的挑战，并做出了几个关键贡献。

第一，表重要性遵循一定原则基于信息论和统计模型来定义，并且要反映出表的信息内容，以及该内容如何关系到其他表中的内容。因为熵是众所周知的对信息的度量[Cover and Thomas 2006]，所以表的信息内容被定义为其属性熵的和（包括关键属性的熵）。为了考虑到表的连接行为，连接边被视为在表之间传递信息的工具，其权重取决于它们各自属性的熵。为了识别表的重要性，很自然要在模式图上定义一个随机游走过程，借此每个表以自己的信息内容开始，接下来沿着它的连接边与他们的权重成比例地反复发送和接收信息。如果潜在的模式图是联通的和非双向的，那么这个过程会收敛于一个稳定的分布。[Yang et al. 2009]定义表重要性为表在这个稳定分布的取值。

第二，[Yang et al. 2009]在一对表之间定义了一个新的相似度函数，称之为强度。在模式图中，两个表间一个连接边的强度是 i）与它每个连接属性包含的在其他表中存在匹配记录的值的比率成正比，ii)与匹配一个主键记录的外键记录的平均数目成反比。连接边强度的取值在区间(0,1]上。连接路径的强度定义为它的连接边的强度的产物。最后，模式图中的任何一对表之间的强度是所有连接这两个表的连接路径中最大的强度。

第三，[Yang et al. 2009]给出了使用加权的 k-center 算法来聚类表，其中权重是表重要性的取值，一对表间的距离定义为 $1-\text{strength}$，且 k 是聚类的期望数量。加权 k-center 是 NP 难问题，所以它们使用了贪心方法。算法首先创建一个最重要表的聚类作为聚类中心。然后迭代地选择出离聚类中心加权距离最大的表，以该表作为聚类中心来创建新的聚类；然后每个表被分配到聚类中心离自己最近的聚类中。

3. 主要结果

[Yang et al. 2009]通过实验评价了他们的方法来验证其三个组成部分：表重要性模型、表间距离函数和用于概述数据源模式进行适当聚类的加权 k-center 的选择。他们在 TPCE 模式的多个显著不同的实例上构建了自己的研究。他们的主要结果如下所述。

1）提出的基于熵的方法来定义表的重要性是准确和一致的，性能超过了替代方法。

特别地，在图 5-5 中，TPCE 中重要性排前 5 的表中有一个表来自经纪人类别，另外两对中每个表都分别来自客户和市场类别。进一步，重要表的集合在 TPCE 模式的不同样例上保持了高度一致性。

2）提出的表间距离测量具有高度准确性，与不同类别的表相比，

TPCE 表在每个预分类类别中相互之间有更高的相似度。

特别地，在经纪人、客户和市场三个主要的类别上距离测量具有超过 70%的准确度。

3）加权 *k*-center 在对表进行聚类中，与提出的表重要性和距离的度量指标一起展现了高精确性和鲁棒性。

进一步来说，提出的数据源模式摘要在三个预分类类别上获得了大约 70%的准确度，这说明其显著高于使用替代方法。

5.3.3　未来的工作

数据源探索的工作仍然处早期阶段，还有大量的工作未做。我们概述一些公认的未来工作的方向。

第一，当前的工作集中在描述相关数据源，其中的属性和表是明确定义的模式元素。但是，BDI 中的数据源可能是相当多源的，从表和 RDF 三元组到 DOM 树和自由文本。将现有技术扩展到这些种类的数据源上，使用户能发现包含满足他们信息需求的数据的各种数据源。这是十分重要的。

第二，BDI 数据源不是静态的，是随时间推移变化的。开发能够持续和增量地描述数据源的技术，从而能判定这些数据源何时与用户的信息需求相关，实现 BDI 的成就数据驱动发现的愿景十分重要。

第 6 章

结论

解决 BDI 的挑战，对于实现大数据的愿景，让我们做出有价值的、数据驱动的决策来改变社会的方方面面成为现实，是至关重要的。本书探讨了数据集成研究领域在模式对齐、记录链接和数据融合等问题上，解决大数据集成带来的新的挑战过程中已经取得的进展。本书也介绍了预期对于 BDI 的成功十分关键的新兴研究主题。

第 1 章在讨论 BDI 中出现的特殊挑战之前描述了数据集成问题和传统数据集成的组成。在海量性、高速性、多样性和真实性的维度上指出了 BDI 与传统数据集成的不同之处。然后列出了最近的一些案例研究，它们实证研究了 BDI 中数据源的性质。BDI 也带来了传统数据集成中没有的机遇，其中一些也很突出。

第 2～4 章系统性地覆盖了核心研究主题：模式对齐、记录链接和数据融合。首先，每个章节从传统数据集成的背景下快速浏览主题开始。然后，章节的后续部分呈现详细的、样例驱动的最近创新技术，这些是提出来解决海量性、高速性、多样性和真实性地 BDI 挑战的。

　　最后，第 5 章给出了一些关于新兴主题的工作，如众包、数据源选择和数据源描述。这些产生自 BDI 的新挑战和机遇超出了模式对齐、记录链接和数据融合的主题。

　　本书中提到的技术既不是有关 BDI 工作的详尽清单，也不是这个重要且飞速发展的领域所能预计到的。但是，我们希望这本书对于感兴趣的读者来说可以作为一个起点，在这个令人振奋的主题里去追求更多，并实现大数据的承诺。

163

[1] Serge Abiteboul and Oliver M. Duschka. Complexity of answering queries using materialized views. In *Proc. 17th ACM SIGACT-SIGMOD-SIGART Symp. on Principles of Database Systems*, pages 254–263, 1998. DOI: 10.1145/275487.275516. 43

[2] Nikhil Bansal, Avrim Blum, and Shuchi Chawla. Correlation clustering. *Machine Learning*, 56 (1-3): 89–113, 2004. DOI: 10.1023/B:MACH.0000033116.57574.95. 68, 86, 88

[3] Carlo Batini and Monica Scannapieco. *Data Quality: Concepts, Methodologies and Techniques*. Springer, 2006. 154

[4] Richard A. Becker, Ramón Cáceres, Karrie Hanson, Sibren Isaacman, Ji Meng Loh, Margaret Martonosi, James Rowland, Simon Urbanek, Alexander Varshavsky, and Chris Volinsky. Human mobility characterization from cellular network data. *Commun. ACM*, 56 (1): 74–82, 2013. DOI: 10.1109/MPRV.2011.44. 1

[5] Zohra Bellahsene, Angela Bonifati, and Erhard Rahm, editors. *Schema Matching and Mapping*. Springer, 2011. 33

[6] Dina Bitton and David J. DeWitt. Duplicate record elimination in large data files. *ACM Trans. Database Syst.*, 8 (2): 255–265, 1983. DOI: 10.1145/319983.319987. 69

[7] Lorenzo Blanco, Valter Crescenzi, Paolo Merialdo, and Paolo Papotti. Probabilistic models to reconcile complex data from inaccurate data sources. In *Proc. 22nd Int. Conf. on Advanced Information Systems Eng.*, pages 83–97, 2010. DOI: 10.1007/978-3-642-34213-4_1. 125

[8] Jens Bleiholder and Felix Naumann. Data fusion. *ACM Comput. Surv.*, 41 (1), 2008. DOI: 10.1007/s13222-011-0043-9. 109

[9] Kurt D. Bollacker, Colin Evans, Praveen Paritosh, Tim Sturge, and Jamie Taylor. Freebase: a collaboratively created graph database for structuring human knowledge. In *Proc. ACM SIGMOD Int. Conf. on Management of Data*, pages 1247–1250, 2008. DOI: 10.1145/1376616.1376746. 1, 26, 59, 154

[10] Leo Breiman. Random forests. *Machine Learning*, 45 (1): 5–32, 2001. DOI: 10.1023/A:1010933404324. 144

[11] Sergey Brin and Lawrence Page. The anatomy of a large-scale hypertextual web search engine. *Comp. Netw.*, 30 (1-7): 107–117, 1998. DOI: 10.1.1.109.4049. 124

[12] Andrei Z. Broder, Moses Charikar, Alan M. Frieze, and Michael Mitzenmacher. Min-wise independent permutations. *J. Comp. and System Sci.*, 60 (3): 630–659, 2000. DOI: 10.1.1.121.8215. 155, 156

[13] Michael J. Cafarella, Alon Y. Halevy, Daisy Zhe Wang, Eugene Wu, and Yang Zhang. Webtables: exploring the power of tables on the web. *Proc. VLDB Endowment*, 1 (1): 538–549, 2008a. 54, 55, 56, 57

[14] Michael J. Cafarella, Alon Y. Halevy, Yang Zhang, Daisy Zhe Wang, and Eugene Wu. Uncovering the relational web. In *Proc. 11th Int. Workshop on the World Wide Web and Databases*, 2008b. 23, 24, 25

[15] Michael J. Cafarella, Alon Y. Halevy, and Jayant Madhavan. Structured data on the web. *Commun. ACM*, 54 (2): 72–79, 2011. DOI: 10.1145/1897816.1897839. 49

[16] Moses Charikar, Venkatesan Guruswami, and Anthony Wirth. Clustering with qualitative information. In *Proc. 44th Annual Symp. on Foundations of Computer Science*, pages 524–533, 2003. DOI: 10.1.1.90.3645. 68, 86

[17] Yueh-Hsuan Chiang, AnHai Doan, and Jeffrey F. Naughton. Modeling entity evolution for temporal record matching. In *Proc. ACM SIGMOD Int. Conf. on Management of Data*, pages 1175–1186, 2014a. DOI: 10.1145/2588555.2588560. 94

[18] Yueh-Hsuan Chiang, AnHai Doan, and Jeffrey F. Naughton. Tracking entities in the dynamic world: A fast algorithm for matching temporal records. *Proc. VLDB Endowment*, 7 (6): 469–480, 2014b. 94

[19] Shui-Lung Chuang and Kevin Chen-Chuan Chang. Integrating web query results: holistic schema matching. In *Proc. 17th ACM Int. Conf. on Information and Knowledge Management*, pages 33–42, 2008. DOI: 10.1145/1458082.1458090. 50

[20] Edith Cohen and Martin Strauss. Maintaining time-decaying stream aggregates. In *Proc. 22nd ACM SIGACT-SIGMOD-SIGART Symp. on Principles of Database Systems*, pages 223–233, 2003. DOI: 10.1.1.119.5236. 98

[21] Eli Cortez and Altigran Soares da Silva. *Unsupervised Information Extraction by Text Segmentation*. Springer, 2013. DOI: 10.1007/978-3-319-02597-1. 89

[22] Thomas M. Cover and Joy A. Thomas. *Elements of Information Theory* (2nd ed.). Wiley, 2006. 159

[23] Nilesh N. Dalvi, Ashwin Machanavajjhala, and Bo Pang. An analysis of structured data on the web. *Proc. VLDB Endowment*, 5 (7): 680–691, 2012. 15, 17, 18, 19, 28

[24] Anish Das Sarma, Xin Luna Dong, and Alon Y. Halevy. Bootstrapping pay-as-you-go data integration systems. In *Proc. ACM SIGMOD Int. Conf. on Management of Data*, pages 861–874, 2008. 36, 38, 40, 41, 46

[25] Anish Das Sarma, Lujun Fang, Nitin Gupta, Alon Y. Halevy, Hongrae Lee, Fei Wu, Reynold Xin, and Cong Yu. Finding related tables. In *Proc. ACM SIGMOD Int. Conf. on Management of Data*, pages 817–828, 2012. DOI: 10.1145/1376616.1376702. 55, 57, 59, 60

[26] Tamraparni Dasu, Theodore Johnson, S. Muthukrishnan, and Vladislav Shkapenyuk. Mining

database structure; or, how to build a data quality browser. In *Proc. ACM SIGMOD Int. Conf. on Management of Data*, pages 240–251, 2002. DOI: 10.1.1.89.4225. 155, 157

[27] David L. Davies and Donald W. Bouldin. A cluster separation measure. *IEEE Trans. Pattern Analy. Machine Intell.*, PAMI-1 (2): 224–227, 1979. DOI: 10.1109/TPAMI.1979.4766909. 105

[28] Jeffrey Dean and Sanjay Ghemawat. Mapreduce: Simplified data processing on large clusters. In *Proc. 6th USENIX Symp. on Operating System Design and Implementation*, pages 137–150, 2004. DOI: 10.1.1.163.5292. 71

[29] Gianluca Demartini, Djellel Eddine Difallah, and Philippe Cudré-Mauroux. Large-scale linked data integration using probabilistic reasoning and crowdsourcing. *VLDB J.*, 22 (5): 665–687, 2013. DOI: 10.1007/s00778-013-0324-z. 140

[30] AnHai Doan, Raghu Ramakrishnan, and Alon Y. Halevy. Crowdsourcing systems on the world-wide web. *Commun. ACM*, 54 (4): 86–96, 2011. DOI: 10.1145/1924421.1924442. 139

[31] AnHai Doan, Alon Y. Halevy, and Zachary G. Ives. *Principles of Data Integration*. Morgan Kaufmann, 2012. 2

[32] Xin Luna Dong and Divesh Srivastava. Large-scale copy detection. In *Proc. ACM SIGMOD Int. Conf. on Management of Data*, pages 1205–1208, 2011. DOI: 10.1145/1989323.1989454. 114

[33] Xin Luna Dong, Laure Berti-Equille, and Divesh Srivastava. Integrating conflicting data: The role of source dependence. *Proc. VLDB Endowment*, 2 (1): 550–561, 2009a. DOI: 10.1.1.151.4068. 110, 111, 112, 115, 117, 119, 121, 123, 125, 153

[34] Xin Luna Dong, Laure Berti-Equille, and Divesh Srivastava. Truth discovery and copying detection in a dynamic world. *Proc. VLDB Endowment*, 2 (1): 562–573, 2009b. DOI: 10.1.1.151 .5867. 135, 136

[35] Xin Luna Dong, Alon Y. Halevy, and Cong Yu. Data integration with uncertainty. *VLDB J.*, 18 (2): 469–500, 2009c. DOI: 10.1007/s00778-008-0119-9. 36, 40, 44, 45

[36] Xin Luna Dong, Laure Berti-Equille, Yifan Hu, and Divesh Srivastava. Global detection of complex copying relationships between sources. *Proc. VLDB Endowment*, 3 (1): 1358–1369, 2010. 124, 125

[37] Xin Luna Dong, Barna Saha, and Divesh Srivastava. Less is more: Selecting sources wisely for integration. *Proc. VLDB Endowment*, 6 (2): 37–48, 2012. 123, 125, 147, 148, 149, 150, 152, 153

[38] Xin Luna Dong, Evgeniy Gabrilovich, Geremy Heitz, Wilko Horn, Ni Lao, Kevin Murphy, Thomas Strohmann, Shaohua Sun, and Wei Zhang. Knowledge vault: a web-scale approach to probabilistic knowledge fusion. In *Proc. 20th ACM SIGKDD Int. Conf. on Knowledge Discovery and Data Mining*, pages 601–610, 2014a. 1

[39] Xin Luna Dong, Evgeniy Gabrilovich, Geremy Heitz, Wilko Horn, Kevin Murphy, Shaohua Sun, and Wei Zhang. From data fusion to knowledge fusion. *Proc. VLDB Endowment*, 7 (10): 881–892, 2014b. 26, 27, 126, 136, 137, 138, 154

[40] Ahmed K. Elmagarmid, Panagiotis G. Ipeirotis, and Vassilios S. Verykios. Duplicate record detection: A survey. *IEEE Trans. Knowl. and Data Eng.*, 19 (1): 1–16, 2007. DOI: 10.1.1.147 .3975. 66

[41] Hazem Elmeleegy, Jayant Madhavan, and Alon Y. Halevy. Harvesting relational tables from lists on the web. *VLDB J.*, 20 (2): 209–226, 2011. DOI: 10.1007/s00778-011-0223-0. 55

[42] Ronald Fagin, Laura M. Haas, Mauricio A. Hernández, Renée J. Miller, Lucian Popa, and Yannis Velegrakis. Clio: Schema mapping creation and data exchange. In *Conceptual Modeling:*

Foundations and Applications—Essays in Honor of John Mylopoulos, pages 198–236, 2009. DOI: 10.1007/978-3-642-02463-4_12. 31, 34

[43] Wenfei Fan, Xibei Jia, Jianzhong Li, and Shuai Ma. Reasoning about record matching rules. *Proc. VLDB Endowment*, 2 (1): 407–418, 2009. DOI: 10.14778/1687627.1687674. 65

[44] Uriel Feige, Vahab S. Mirrokni, and Jan Vondrák. Maximizing non-monotone submodular functions. *SIAM J. on Comput.*, 40 (4): 1133–1153, 2011. DOI: 10.1137/090779346. 152

[45] Ivan Fellegi and Alan Sunter. A theory for record linkage. *J. American Statistical Association*, 64 (328): 1183–1210, 1969. DOI: 10.1080/01621459.1969.10501049. 66

[46] Paola Festa and Mauricio G. C. Resende. GRASP: basic components and enhancements. *Telecommun. Syst.*, 46 (3): 253–271, 2011. DOI: 10.1007/s11235-010-9289-z. 149

[47] Michael J. Franklin, Alon Y. Halevy, and David Maier. From databases to dataspaces: a new abstraction for information management. *ACM SIGMOD Rec.*, 34 (4): 27–33, 2005. DOI: 10.1145/1107499.1107502. 35

[48] Alban Galland, Serge Abiteboul, Amélie Marian, and Pierre Senellart. Corroborating information from disagreeing views. In *Proc. 3rd ACM Int. Conf. Web Search and Data Mining*, pages 131–140, 2010. DOI: 10.1145/1718487.1718504. 124, 125

[49] Chaitanya Gokhale, Sanjib Das, AnHai Doan, Jeffrey F. Naughton, Narasimhan Rampalli, Jude W. Shavlik, and Xiaojin Zhu. Corleone: hands-off crowdsourcing for entity matching. In *Proc. ACM SIGMOD Int. Conf. on Management of Data*, pages 601–612, 2014. DOI: 10.1145/2588555.2588576. 140, 144, 145

[50] Luis Gravano, Panagiotis G. Ipeirotis, H. V. Jagadish, Nick Koudas, S. Muthukrishnan, and Divesh Srivastava. Approximate string joins in a database (almost) for free. In *Proc. 27th Int. Conf. on Very Large Data Bases*, pages 491–500, 2001. DOI: 10.1.1.20.7673. 70

[51] Anja Gruenheid, Xin Luna Dong, and Divesh Srivastava. Incremental record linkage. *Proc. VLDB Endowment*, 7 (9): 697–708, 2014. 82, 84, 86, 87, 88

[52] Songtao Guo, Xin Luna Dong, Divesh Srivastava, and Remi Zajac. Record linkage with uniqueness constraints and erroneous values. *Proc. VLDB Endowment*, 3 (1): 417–428, 2010. DOI: 10.14778/1920841.1920897. 100, 102, 105

[53] Rahul Gupta and Sunita Sarawagi. Answering table augmentation queries from unstructured lists on the web. *Proc. VLDB Endowment*, 2 (1): 289–300, 2009. 55

[54] Marios Hadjieleftheriou and Divesh Srivastava. Approximate string processing. *Foundations and Trends in Databases*, 2 (4): 267–402, 2011. DOI: 10.1561/1900000010. 9

[55] Alon Y. Halevy. Answering queries using views: A survey. *VLDB J.*, 10 (4): 270–294, 2001. DOI: 10.1007/s007780100054. 34

[56] Oktie Hassanzadeh, Fei Chiang, Renée J. Miller, and Hyun Chul Lee. Framework for evaluating clustering algorithms in duplicate detection. *Proc. VLDB Endowment*, 2 (1): 1282–1293, 2009. 68

[57] Bin He, Mitesh Patel, Zhen Zhang, and Kevin Chen-Chuan Chang. Accessing the deep web. *Commun. ACM*, 50 (5): 94–101, 2007. DOI: 10.1145/1230819.1241670. 13, 14, 15, 16, 20

[58] Mauricio A. Hernández and Salvatore J. Stolfo. Real-world data is dirty: Data cleansing and the merge/purge problem. *Data Mining and Knowledge Discovery*, 2 (1): 9–37, 1998. DOI: 10.1023/A:1009761603038. 65, 68, 69

[59] Shawn R. Jeffery, Michael J. Franklin, and Alon Y. Halevy. Pay-as-you-go user feedback for

dataspace systems. In *Proc. ACM SIGMOD Int. Conf. on Management of Data*, pages 847–860, 2008. DOI: 10.1145/1376616.1376701. 47, 49

[60] Anitha Kannan, Inmar E. Givoni, Rakesh Agrawal, and Ariel Fuxman. Matching unstructured product offers to structured product specifications. In *Proc. 17th ACM SIGKDD Int. Conf. on Knowledge Discovery and Data Mining*, pages 404–412, 2011. DOI: 10.1145/2020408.2020474. 89, 90, 92, 93

[61] Jon M. Kleinberg. Authoritative sources in a hyperlinked environment. *J. ACM*, 46 (5): 604–632, 1999. DOI: 10.1145/324133.324140. 124

[62] Lars Kolb, Andreas Thor, and Erhard Rahm. Load balancing for mapreduce-based entity resolution. In *Proc. 28th Int. Conf. on Data Engineering*, pages 618–629, 2012. DOI: 10.1109/ICDE.2012.22. 71, 72, 75, 76

[63] Hanna Köpcke, Andreas Thor, and Erhard Rahm. Evaluation of entity resolution approaches on real-world match problems. *Proc. VLDB Endowment*, 3 (1): 484–493, 2010. 71

[64] Harold W. Kuhn. The hungarian method for the assignment problem. In Michael Jünger, Thomas M. Liebling, Denis Naddef, George L. Nemhauser, William R. Pulleyblank, Gerhard Reinelt, Giovanni Rinaldi, and Laurence A. Wolsey, editors, *50 Years of Integer Programming 1958–2008—From the Early Years to the State-of-the-Art*, pages 29–47. Springer, 2010. DOI: 10.1007/978-3-540-68279-0_2. 105

[65] Larissa R. Lautert, Marcelo M. Scheidt, and Carina F. Dorneles. Web table taxonomy and formalization. *ACM SIGMOD Rec.*, 42 (3): 28–33, 2013. DOI: 10.1145/2536669.2536674. 23, 24, 25

[66] Feng Li, Beng Chin Ooi, M. Tamer Özsu, and Sai Wu. Distributed data management using mapreduce. *ACM Comput. Surv.*, 46 (3): 31, 2014. DOI: 10.1145/2503009. 71

[67] Pei Li, Xin Luna Dong, Andrea Maurino, and Divesh Srivastava. Linking temporal records. *Proc. VLDB Endowment*, 4 (11): 956–967, 2011. DOI: 10.1007/s11704-012-2002-5. 94, 97, 98, 99, 100

[68] Xian Li, Xin Luna Dong, Kenneth Lyons, Weiyi Meng, and Divesh Srivastava. Truth finding on the deep web: Is the problem solved? *Proc. VLDB Endowment*, 6 (2): 97–108, 2012. 20, 21, 22, 23, 28, 125, 147, 150

[69] Xian Li, Xin Luna Dong, Kenneth Lyons, Weiyi Meng, and Divesh Srivastava. Scaling up copy detection. In *Proc. 31st Int. Conf. on Data Engineering*, 2015. 126

[70] Girija Limaye, Sunita Sarawagi, and Soumen Chakrabarti. Annotating and searching web tables using entities, types and relationships. *Proc. VLDB Endowment*, 3 (1): 1338–1347, 2010. 55, 60, 61

[71] Xuan Liu, Xin Luna Dong, Beng Chin Ooi, and Divesh Srivastava. Online data fusion. *Proc. VLDB Endowment*, 4 (11): 932–943, 2011. 127, 129, 130, 131, 132

[72] Jayant Madhavan, Shirley Cohen, Xin Luna Dong, Alon Y. Halevy, Shawn R. Jeffery, David Ko, and Cong Yu. Web-scale data integration: You can afford to pay as you go. In *Proc. 3rd Biennial Conf. on Innovative Data Systems Research*, pages 342–350, 2007. 13, 14, 15, 20

[73] Jayant Madhavan, David Ko, Lucja Kot, Vignesh Ganapathy, Alex Rasmussen, and Alon Y. Halevy. Google's deep web crawl. *Proc. VLDB Endowment*, 1 (2): 1241–1252, 2008. 50, 51, 52, 53

[74] Alfred Marshall. *Principles of Economics*. Macmillan and Co., 1890. 148

[75] Andrew McCallum, Kamal Nigam, and Lyle H. Ungar. Efficient clustering of high-dimensional data sets with application to reference matching. In *Proc. 6th ACM SIGKDD Int. Conf. on Knowledge Discovery and Data Mining*, pages 169–178, 2000. DOI: 10.1145/347090.347123. 70

[76] Robert McCann, AnHai Doan, Vanitha Varadarajan, Alexander Kramnik, and ChengXiang Zhai. Building data integration systems: A mass collaboration approach. In *Proc. 6th Int. Workshop on the World Wide Web and Databases*, pages 25–30, 2003. 139

[77] Robert McCann, Warren Shen, and AnHai Doan. Matching schemas in online communities: A web 2.0 approach. In *Proc. 24th Int. Conf. on Data Engineering*, pages 110–119, 2008. DOI: 10.1109/ICDE.2008.4497419. 139

[78] Felix Naumann. Data profiling revisited. *ACM SIGMOD Rec.*, 42 (4): 40–49, 2013. DOI: 10.1145/2590989.2590995. 154

[79] George Papadakis, Georgia Koutrika, Themis Palpanas, and Wolfgang Nejdl. Meta-blocking: Taking entity resolutionto the next level. *IEEE Trans. Knowl. and Data Eng.*, 26 (8): 1946–1960, 2014. DOI: 10.1109/TKDE.2013.54. 71, 77, 79, 80, 81

[80] Jeff Pasternack and Dan Roth. Knowing what to believe (when you already know something). In *Proc. 23rd Int. Conf. on Computational Linguistics*, pages 877–885, 2010. 124, 125

[81] Jeff Pasternack and Dan Roth. Making better informed trust decisions with generalized fact-finding. In *Proc. 22nd Int. Joint Conf. on AI*, pages 2324–2329, 2011. 124

[82] Jeff Pasternack and Dan Roth. Latent credibility analysis. In *Proc. 21st Int. World Wide Web Conf.*, pages 1009–1020, 2013. 124

[83] Rakesh Pimplikar and Sunita Sarawagi. Answering table queries on the web using column keywords. *Proc. VLDB Endowment*, 5 (10): 908–919, 2012. DOI: 10.14778/2336664.2336665. 55

[84] Ravali Pochampally, Anish Das Sarma, Xin Luna Dong, Alexandra Meliou, and Divesh Srivastava. Fusing data with correlations. In *Proc. ACM SIGMOD Int. Conf. on Management of Data*, pages 433–444, 2014. DOI: 10.1145/2588555.2593674. 124, 125, 153

[85] Guo-Jun Qi, Charu C. Aggarwal, Jiawei Han, and Thomas S. Huang. Mining collective intelligence in diverse groups. In *Proc. 21st Int. World Wide Web Conf.*, pages 1041–1052, 2013. 125

[86] Erhard Rahm and Philip A. Bernstein. A survey of approaches to automatic schema matching. *VLDB J.*, 10 (4): 334–350, 2001. DOI: 10.1007/s007780100057. 33

[87] Theodoros Rekatsinas, Xin Luna Dong, and Divesh Srivastava. Characterizing and selecting fresh data sources. In *Proc. ACM SIGMOD Int. Conf. on Management of Data*, pages 919–930, 2014. DOI: 10.1145/2588555.2610504. 148, 150, 151, 152, 153

[88] Stuart J. Russell and Peter Norvig. *Artificial Intelligence—A Modern Approach* (3rd internat. ed.). Pearson Education, 2010. 47

[89] Sunita Sarawagi and Anuradha Bhamidipaty. Interactive deduplication using active learning. In *Proc. 8th ACM SIGKDD Int. Conf. on Knowledge Discovery and Data Mining*, pages 269–278, 2002. DOI: 10.1145/775047.775087. 66

[90] Burr Settles. *Active Learning*. Morgan & Claypool Publishers, 2012. 144

[91] Fabian M. Suchanek, Gjergji Kasneci, and Gerhard Weikum. Yago: a core of semantic knowledge. In *Proc. 16th Int. World Wide Web Conf.*, pages 697–706, 2007. DOI: 10.1145/1242572.1242667. 61

[92]   Fabian M. Suchanek, Serge Abiteboul, and Pierre Senellart. PARIS: probabilistic alignment of relations, instances, and schema. *Proc. VLDB Endowment*, 5 (3): 157–168, 2011. 55, 60

[93]   Peter D. Turney. Mining the web for synonyms: PMI-IR versus LSA on TOEFL. In *Proc. 12th European Conf. on Machine Learning*, pages 491–502, 2001. DOI: 10.1007/3-540-44795-4_42. 56

[94]   Petros Venetis, Alon Y. Halevy, Jayant Madhavan, Marius Pasca, Warren Shen, Fei Wu, Gengxin Miao, and Chung Wu. Recovering semantics of tables on the web. *Proc. VLDB Endowment*, 4 (9): 528–538, 2011. 55, 60

[95]   Norases Vesdapunt, Kedar Bellare, and Nilesh N. Dalvi. Crowdsourcing algorithms for entity resolution. *Proc. VLDB Endowment*, 7 (12): 1071–1082, 2014. 140, 141

[96]   Jiannan Wang, Tim Kraska, Michael J. Franklin, and Jianhua Feng. Crowder: Crowdsourcing entity resolution. *Proc. VLDB Endowment*, 5 (11): 1483–1494, 2012. 140

[97]   Jiannan Wang, Guoliang Li, Tim Kraska, Michael J. Franklin, and Jianhua Feng. Leveraging transitive relations for crowdsourced joins. In *Proc. ACM SIGMOD Int. Conf. on Management of Data*, pages 229–240, 2013. DOI: 10.1145/2463676.2465280. 140, 141, 142, 143

[98]   Gerhard Weikum and Martin Theobald. From information to knowledge: harvesting entities and relationships from web sources. In *Proc. 29th ACM SIGACT-SIGMOD-SIGART Symp. on Principles of Database Systems*, pages 65–76, 2010. DOI: 10.1145/1807085.1807097. 1, 154

[99]   Steven Euijong Whang and Hector Garcia-Molina. Entity resolution with evolving rules. *Proc. VLDB Endowment*, 3 (1): 1326–1337, 2010. 82

[100] Steven Euijong Whang and Hector Garcia-Molina. Incremental entity resolution on rules and data. *VLDB J.*, 23 (1): 77–102, 2014. DOI: 10.1007/s00778-013-0315-0. 82, 84

[101] Steven Euijong Whang, Peter Lofgren, and Hector Garcia-Molina. Question selection for crowd entity resolution. *Proc. VLDB Endowment*, 6 (6): 349–360, 2013. 140

[102] Wentao Wu, Hongsong Li, Haixun Wang, and Kenny Qili Zhu. Probase: a probabilistic taxonomy for text understanding. In *Proc. ACM SIGMOD Int. Conf. on Management of Data*, pages 481–492, 2012. DOI: 10.1145/2213836.2213891. 1, 154

[103] Xiaoyan Yang, Cecilia M. Procopiuc, and Divesh Srivastava. Summarizing relational databases. *Proc. VLDB Endowment*, 2 (1): 634–645, 2009. DOI: 10.14778/1687627.1687699. 157, 158, 159, 160

[104] Xiaoxin Yin and Wenzhao Tan. Semi-supervised truth discovery. In *Proc. 20th Int. World Wide Web Conf.*, pages 217–226, 2011. DOI: 10.1145/1963405.1963439. 124

[105] Xiaoxin Yin, Jiawei Han, and Philip S. Yu. Truth discovery with multiple conflicting information providers on the web. In *Proc. 13th ACM SIGKDD Int. Conf. on Knowledge Discovery and Data Mining*, pages 1048–1052, 2007. DOI: 10.1145/1281192.1281309. 125, 132

[106] Meihui Zhang and Kaushik Chakrabarti. Infogather+: semantic matching and annotation of numeric and time-varying attributes in web tables. In *Proc. ACM SIGMOD Int. Conf. on Management of Data*, pages 145–156, 2013. DOI: 10.1145/2463676.2465276. 55, 60

[107] Bo Zhao and Jiawei Han. A probabilistic model for estimating real-valued truth from conflicting sources. In *Proc. of the Int. Workshop on Quality in Databases*, 2012. 124

[108] Bo Zhao, Benjamin I. P. Rubinstein, Jim Gemmell, and Jiawei Han. A bayesian approach to discovering truth from conflicting sources for data integration. *Proc. VLDB Endowment*, 5 (6): 550–561, 2012. DOI: 10.14778/2168651.2168656 124

索引中的页码为英文原书页码，与书中页边标注的页码一致。

推荐阅读

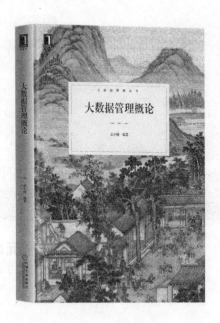

大数据管理概论

作者：孟小峰 ISBN：978-7-111-56440-9 定价：69.00元

前言（节选）：

陈寅恪先生说："一时代之学术，必有其新材料与新问题。取用此材料，以研求问题，则为此时代学术之新潮流。治学之士，得预于此潮流者，谓之预流（借用佛教初果之名）。其未得预者，谓之未入流。"对今天的信息技术而言，"新材料"即为大数据，而"新问题"则是产生于"新材料"之上的新的应用需求。

对数据库领域而言，真正的"预流"是 Jim Gray 和 Michael Stonebraker等大师们。十三年前面对"数据库领域还能再活跃 30 年吗"这一问题，Jim Gray 给出的回答是："不可能。在数据库领域里，我们已经非常狭隘。"但他转而回答到："SIGMOD 这个词中的 MOD 表示'数据管理'。对我来说，数据管理包含很多工作，如收集数据、存储数据、组织数据、分析数据和表示数据，特别是数据表示部分。如果我们还像以前一样把研究与现实脱离开来，继续保持狭隘的眼光审视自己所做的研究，数据库领域将要消失，因为那些研究越来越偏离实际。现在人们已经拥有太多数据，整个数据收集、数据分析和数据简单化的工作就是能准确地给予人们所要的数据，而不是把所有的数据都提供给他们。这个问题不会消失，而是会变得越来越重要。如果你用一种大而广的眼光看，数据库是一个蓬勃发展的领域"。

推荐阅读

异构信息网络挖掘：原理和方法

作者: 孙艺洲 等 ISBN: 978-7-111-54995-6 定价: 69.00元

大规模元搜索引擎技术

作者: 孟卫一 等 ISBN: 978-7-111-55617-6 定价: 69.00元

大数据集成

作者: 董欣 等 ISBN: 978-7-111-55986-3 定价: 79.00元

云数据管理：挑战与机遇

作者: 迪卫艾肯特·阿格拉沃尔 等 ISBN: 978-7-111-56327-3 定价: 69.00元